감정에
휘둘리는 아이

감정을
잘 다루는 아이

자존감 높고 자립심 강한 아이로 키우는
4~7세 감정 코칭

감정에 휘둘리는 아이
감정을 잘 다루는 아이

손승현 지음

빅피시
BIG FISH

조선미

· 심리학 박사, 아주대 정신건강의학과 교수 ·

이 책은 부모들을 위해 잘 쓰인 최고의 감정 교과서로 아이를 키우는 부모라면 첫 페이지부터 마지막 페이지까지 빼놓지 말고 읽어볼 가치가 있습니다. 갓 태어난 아이들에게 감정이란 배부르고 쾌적할 때의 편안함과 기본적 욕구가 좌절되었을 때의 불쾌감밖에 없습니다. 그렇지만 나를 사랑해주고 보살펴주는 엄마라는 대상을 인지하면서 엄마가 옆에 있을 때의 안정감, 엄마와 분리될 때의 불안이 생기고, 좌절과 실패로 인한 분노, 자책과 같은 기본 감정들이 분화됩니다. 기쁨과 슬픔, 사랑과 미움의 서사가 만들어지고, 사랑하는 엄마가 나에게 화를 내는 모순을 통합하려고 애쓰면서 상반되는 감정을 동시에 느낄 수도 있습니다. 이쯤 되면 내 배 속으로 낳은 아이라도 아이가 어떤 감정을 느끼고 있는지 아는 것은 쉽지 않습니다.

2장, 3장, 4장에서 소개하는 15개의 감정은 사람이라면 누구나 느끼는 것들입니다. 부정적인 감정을 겪을 때는 괴롭지만 어떤 감정도 불필요하거나 해롭기만 한 것은 아니라는 중요한 사실을 이 책은 알려줍니다. 예를 들어 2장에서 다루는 불안은 미리 생각하고 조심해서 실패를 줄이도록 도와주고, 상실감은 사랑하는 대상과 함께하는 시간은 소중하다는 점을 알려주어 관계를 풍부하게 만들어줍니다. 3장에 나오는 우울은 아이뿐 아니라 아이를 도와주고 위로해주어야 하는 부모조차도 무기력하게 만드는 거대한 파도 같은 감정입니다. 이럴 때는 무조건 극복하기를 기대하기보다는 파도를 타고 넘듯 넘어가는 요령을 알려주라는 현실적인 조언은 저자의 풍부한 임상 경험에서 비롯되었을 것입니다.

개인적으로 가장 인상적인 부분은 '5장 부모가 빠지기 쉬운 함정들' 편입니다. 부모가 아이의 감정을 이해하려고 애쓰는 것은 결국 양육을 잘하기 위한 것입니다. 대부분의 사람들은 긍정적인 감정을 극대화하고 부정적인 감정을 최대한 피하는 것이 행복이라고 생각합니다. 그래서 내 자식이 고통을 겪지 않았으면 하고, 고통스러워하면 빨리 위로해주려고 합니다. 그러나 이 책을 읽어보면 부정적인 감정이 사람을 현명하게 만들어주고, 성공 확률을 높여주며, 인생의 깊이를 더해준다는 것을 이해할 수 있습니다. 아이의 감정은커녕 내 감정조차 이해하지 못하겠다는 부모에게는 이 책을 더욱 추천합니다. 감정을 논리로 풀어가다 보면 자칫 딱딱해지기 쉬운데 이 책을 읽어본다면 누구나 쉽게 이해할 수 있도록 책을 쓴 저자의 필력도 책의 가치를 더욱 높인다는 점을 인정하게 될 것입니다.

하유정

· 18년 차 현직 초등교사, '어디든학교' 운영 ·

아이에게 좋은 것만 주고 싶은 게 부모 마음입니다. 감정 또한 밝고 예쁜 것만 주고 싶습니다. 하지만 아이들이 마주하는 상황들은 언제나 밝고 예쁘지만은 않습니다. 저는 학교에서 갈등, 실패, 불안을 경험했을 때 소용돌이치는 감정에 쉽게 압도당해 좌절하는 아이들을 자주 만납니다. 긍정적인 감정뿐만 아니라 부정적인 감정을 슬기롭게 처리하는 방법도 가르쳐야 하는 이유입니다. 물론 어렵습니다. 어른인 우리도 부정적인 감정들 앞에서는 한없이 작아지기도 하니까요. 이 책은 15가지 감정 이야기를 통해 편안하고도 단단한 양육법을 안내하고 있습니다. 아이를 위해 펼친 책이었는데 미처 처리하지 못했던 저의 부정적 감정도 하나씩 정리할 수 있었습니다. 아이의 감정 편식을 막고, 마음이 단단한 아이로 키우기를 희망하는 모든 부모님께 이 책을 권합니다.

박정은

· 《베싸육아》 저자, '베싸TV' 운영 ·

감정을 알아주는 부모 밑에서 자란 아이는, 금수저를 뛰어넘는 행운아라는 생각을 늘 했습니다. 아이의 행복과 부모-자녀 관계에 정말 큰 영향을 주는 요소인데, 안타깝게도 정말 많은 부모가 감정 알아주기에 서툴기 때문입니다. 하지만 다행히도 지식을 갖추고 꾸준히 연습하면 부모도 감정 알아주기를 더 잘할 수 있다는 연구 결과들이 많이 있습니다. 이 책은 아이들이 매일 느끼게 되는 다양한 감정들을 섬세하게 나누어서 이해할 수 있게 도와주는, 아동 감정 안내서 같은 책입니다. 아이의 행동 뒤에 숨은 감정을 부모가 이해할 수 있게 되는 순간, 육아 스트레스도 마법처럼 줄어들고, 아이와의 관계는 좋아지며, 아이의 행동도 결국엔 달라질 거예요. 아이의 감정, 이해해보세요. 알아줘보세요. 육아가 달라집니다.

화 '잘' 내는 아이로 키워라

어린 시절의 저는 남들의 평가나 시선을 많이 신경 쓰면서, 남들이 기분 나빠 할 언행을 하기보다는 참는 스타일의 아이였습니다. 그리고 아마 사건은 초등학교 1학년 무렵 놀이터에서 벌어졌을 겁니다. 이제는 무슨 일이 발단이었는지 기억나지 않지만, 아파트 앞 놀이터에서 친구가 저를 세차게 밀치며 뭐라고 하고 있었고, 싸움으로 번지기 일보 직전의 상황이었습니다. 그때, 당시 5층이던 우리 집 앞 복도에서 이 모습을 내려다보고 있던 어머니는 "승현아! 너도 싸워! 가만히 있지 말고, 너도 때리라고!"라며 큰 소리로 외쳤습니다.

어떻게 되었느냐고요? 저는 두 분노 사이에 끼어서 그만 얼어버리고 말았습니다. '나를 쳤어? 그래, 본때를 보여줘야지'라는 마음보다는 '내가 왜 때려야 하지?' '맞으면 저 친구도 아플 텐데?'라는 생각이 먼저 들었던 것 같습니다. 어찌어찌 상황이 마무리되고 도망치듯 집으로 돌아온 그날 저녁, 저는 어머니께 "그렇게 화낼 줄 몰라서 어떻게 하냐"라는 걱정의 말을 꽤 오래 들어야 했습니다.

이 무렵부터 저는 '대체 화란 무엇인가?' '어떻게 내야 할까?'라는 질문을 항상 마음속에 품고 살아왔습니다. 하지만 성인이 다 되어서도 그 의문은 잘 풀리지 않았습니다. 때로는 자책하며 화를 억누르기도 하고, 가끔은 욱하며 화를 표출하기도 했지요. 속 시원하게, 혹은 상황에 맞게 적절히 화를 잘 냈다는 생각이 든 적은 많지 않았던 것 같습니다.

시간은 더욱 흘러, 저는 정신과 의사가 되었습니다. 덕분에 마음의 고민을 안고 진료실을 찾는 많은 소아 청소년들이 제 어릴 적 고민과 비슷한 생각을 하고 있다는 것을 알게 되었습니다. 화를 어떻게 내야 할지 미처 배우지 못한 채 자란 아이들, 이 아이들의 마음속에 쌓였던 화는 자기 자신을 향하거나, 홍수가 나듯 터져 나와 주변을 휩쓸어버리곤 했습니다. 저는 이런 아이들과 함께 제가 가졌던 질문의 답을 찾아나가게 되었습니다.

그 결과 화를 '잘' 내는 것은 화를 곧잘 '쉽게' 내는 것이 아니라, '원하는 때에 필요한 만큼만' 낼 줄 아는 것임을 알게 되었습니다. 화를 적절히 낼 줄 아는 아이는 남을 상처입히지 않고 자신을 지키기 위해 화라는 감정을 이용하는 것이지요.

내 아이가 쉽게 화를 표출하는 사람으로 성장하길 바라는 부모는 없습니다. 왜 그럴까요? 대부분의 사람들은 화 자체를 나쁜 감정이라고 생각합니다. 그래서 겉으로 드러내서는 안 되고 참거나 적절하게 통제해야 한다고 여기지요. 어른들의 이런 인식 아래 성장하는 아이들도 자연스럽게 화는 드러내서는 안 되는 부정적인 감정이라고 생각할 수밖에 없습니다.

하지만 '화'라는 감정은 우리 삶에서 없어서는 안 될 중요한 역할을 합니다. 화를 적절히 사용하면 나의 권리나 존엄 같은 소중한 것들을 지킬 수 있습니다. 가령, 앞선 사례에서 어린 승현이가 "밀치지 마! 그러다 다쳐" "지금 우리 엄마가 소리 지른 거 들었지?" "한 번만 더 밀치면 가만 안 둔다!"와 같이 친구의 행동에 선을 긋는 말을 했다면 상황이 조금 바뀌었을 것입니다. 그게 꼭 솔로몬의 지혜로운 해답 같은 말이 아니었다 하더라도요.

우리가 부정적이라고 생각해 경험하거나 표현하기를 꺼리는 여러 감정들에는 이처럼 뜻밖의 긍정적인 기능이 숨어 있습니다. 좌절감을 겪어봐야 다시 도전할 용기를 낼 수 있고, 억울함은 자기 마음을 좀 더 적극적으로 들여다보고 능동적으로 소통하고자 하는 동기가 되어주며, 상실감은 내가 사랑하는 대상을 기억하고 아끼는 방식을 배울 수 있는 기회가 됩니다.

몸의 건강을 위해 특정한 음식만 먹는 편식을 피해야 하듯이, 마음이 튼튼한 아이로 성장하기 위해서는 다양한 감정 경험이 반드시 필요합니다. 어려서부터 여러 감정을 골고루 경험하며 자란 아이들은 자신의 감정을 정확하게 알고 있고, 이를 적절히 표현하는 법을 익힌 덕분에 감정조절능력이 뛰어납니다. 감정을 능숙하게 다룰 수 있게 되는 것이지요.

감정을 잘 아는 아이들은 타인의 마음을 이해하고 공감하는 능력이 뛰어납니다. 이처럼 정서 지능이 높은 아이들은 대인관계가 매우 안정적입니다. 타인으로부터 받는 인정이나 애정이 많아질 뿐만 아니라, 타인에게 지나치게 의존하거나 끌려다니지 않고, 자신에게 필요한 위로를 스스로에게 해줄 수 있거든요. 감정에 휘둘리지 않고 자기감정을 잘 다룬다는 것은 모든 부모가 바라는 자존감 높고 자립심 강한 아이에 점차 가까워지게 된다는 의미입니다.

이 책은 아이들이 어려서부터 경험해보면 좋은 15가지 감정에 대한 이야기입니다. 정신과 의사로 수많은 아이들과 부모님을 만났고 두 아이를 키우는 아빠로 직접 경험한 것들을 바탕으로, 아이들이 험한 세상을 튼튼한 마음으로 헤쳐나가는 데 필요한 긍정, 부정의 감정을 두루 다루었습니다.

좌절감, 분노, 불안함, 억울함, 상실감은 불편하지만 앞으로 더 잘 다루어나가기 위해서 한 번은 꼭 겪어봐야 할 감정들입니다. 내 아이가 결코 겪지 않았으면 하고 바라는 우울감, 자책감, 배신감, 시기심, 소외감은 뜻밖에도 아이가 내적, 외적으로 성장하는 데 중요한 발판이 되어주는 감정들입니다. 또한 이 세상에 태어나는 모든 아이들은 정서 발달의 핵심이 되는 애정, 신뢰감, 편안함, 즐거움, 뿌듯함 같은 긍정적인 감정들을 주 양육자로부터 반드시 전달받아야 합니다.

살아가는 동안 아이들은 어쩌면 부정적이고 불편한 감정들을 더 많이 겪게 될 수도 있습니다. 아이들이 실패와 시련의 연속인 삶 속에서도 긍정성을 잃지 않고, 가능성을 발견해 나아갈 수 있도록 마음의 힘을 단단하게 길러주세요. 그러기 위해서는 엄마 아빠의 감정을 먼저 챙겨주어야 합니다. 이 책에서 저는 아이의 감정을 잘 살펴주기 위해 양육자인 내 마음을 먼저 알고, 잘 표현하고, 조절하는 방법에 대해서도 이야기했습니다. 모쪼록 양육을 힘들게 만드는 '감정'의 소용돌이에서 벗어나 편안하고 행복한 육아로 가는 길에 이 책이 도움이 되었으면 좋겠습니다.

손승현

차례

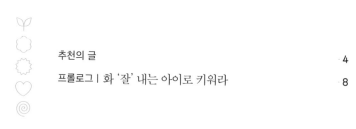

1장

감정을 알면
육아가 더 쉬워진다

아이의 미래를
결정짓는 감정조절능력

아이의 성장을 논할 때 논리력, 집중력 같은 능력, 즉 생각하는 힘의 영역에서는 성장이라는 개념이 그리 낯설지 않게 느껴집니다. 이런 사고력을 키워주는 방법에 대한 고민은 양육에서 중요하게 다루는 주제이지요. 진료실에서도 "아이의 집중력을 키워주려면 어떻게 하면 좋을까요?" "아이가 바르게 판단하도록 하려면 어떻게 말해줘야 할까요?" 같은 질문들을 많이 듣습니다.

반면 감정의 영역에서는 성장이라는 개념을 잘 사용하지 않지요. 어쩐지 낯설고 모호한 느낌으로 다가오기도 합니다. 말

못 하는 아기들도 엄마를 보면 배시시 웃듯이, 감정이란 우리가 태어나면서부터 이미 갖고 있는 것이라는 인식이 강해서입니다. 하지만 이런 고정관념으로 아이의 감정 발달을 소홀히 여긴다면 자칫 아이의 미래에 부정적인 영향을 끼칠 수 있습니다. 아이가 내 감정을 정확히 느끼고 이를 유연하게 적절한 방식으로 표현하는 조절 능력을 키워갈 수 있도록 부모는 지속적으로 관심을 갖고 도와주어야 합니다.

감정을 다루는 뇌의 발달

감정과 직접적인 연관성이 있는 신체 기관은 바로 두뇌입니다. 이 뇌는 여러모로 특별하고도 신기한 기관이라 할 수 있습니다. 눈이나 심장 같은 신체 기관이 태어날 때부터 완성되어 있는 것과는 달리 뇌는 태어난 이후에도 지속적으로 성장하고 발달하기 때문입니다. 이 성장의 설계도가 바로 DNA, 부모로부터 물려받은 정보입니다.

하지만 아이의 뇌가 어떻게 완성되어 갈지를 결정하는 것은 DNA뿐만이 아닙니다. 뇌세포는 성숙 과정에서 반복적으로 겪는 경험들로 서로 간의 연결을 강화하고, 불필요한 연결들은 약화시킵니다. 즉 아이가 무엇을 경험하느냐에 따라 뇌 발달의 방향이 좌우된다는 것입니다. 다양한 감정을 자주 경험해보는 것 자체가 감정을 다루는 뇌를 더욱 발달시킬 수 있다는 뜻이기도 합니다.

아이의 감정은 생각보다 일찍부터 나타나고 발달하기 시작합니다. 기본 감정과 관련되어 있다고 알려진 뇌의 부위는 변연계인데요, 이곳은 생애 초기부터 발달이 이루어져 아이가 언어를 완전히 이해하지 못하는 시기에도 부모의 행동을 통해 감정을 느끼고 익혀가게 됩니다. 생후 2개월~7개월 무렵이면 마음속에 분노, 슬픔, 기쁨, 놀람, 공포 같은 기본적인 감정이 생겨나기 시작하며, 9개월이 되면 다른 사람들이 자신의 감정에 보여주는 반응도 이해하게 됩니다.[1]

이를 통해 아이는 생애 초기부터 감정의 교류를 경험하게 되는 것입니다.

아이의 감정 발달에는 부모의 적절한 반응이 매우 중요하게 작용합니다. 부모가 적극적으로 아이의 감정을 읽어주면 변연계 속에서 감정을 담당하는 뇌 세포 간의 연결을 강화시키는 효과를 가져옵니다. 또한 아이의 감정에 즉각적으로 대처해주는 것은 변연계가 안정적인 상태를 이루게 도와줍니다. 이로써 아이는 새로운 자극에 대한 호기심을 갖고, 성장하고자 하는 의욕을 품게 됩니다. 뿐만 아니라 다양한 감정을 경험하고, 이를 올바르게 다루는 경험이 쌓이다 보면 변연계와 변연계 다음으로 발달하는 여러 뇌 부위와의 협응 능력도 상승하게 됩니다.

감정의 발달은 다른 능력의 발달로 이어집니다. 변연계와 협업하는 뇌의 영역 중 하나는 바로 전두엽인데요, 이 전두엽은 논리적 판단, 제어 능력, 계획 세우기 등의 고차원적인 사고 활동을 담당합니다. 자동차로 치면 브레이크나 센서, 핸들, 네비게이션의 역할을 담당한다고 할 수 있겠네요. 이런 다재다능한 전두엽과의 협업으로 뇌는 감정을 조절하는 능력을 더욱 다듬어나갈 수 있게 됩니다.

감정을 잘 조절할 수 있게 되면 부정적인 정서에 흔들리지 않는 능력, 마침내 찾아올 큰 보상을 위해 인내하는 능력, 기억력과 학습 능력에도 긍정적인 영향을 미칩니다. 즉 감정을 잘 다뤄나가는 경험은 아이의 학습 능력을 향상시키고 문제 해결 능력도 키워준다고 할 수 있습니다.[2]

감정의 발달은 사회성의 발달로 이어져요

감정조절능력이 발달할수록 눈에 보이지 않는 것을 다루는 능력이 늘어납니다. 감정 조절에 있어서는 일단 감정이라는 눈에 보이지 않는 개념을 인식하는 것이 필수적이기 때문입니다. 이렇게 눈에 보이지 않는 것들이 아이의 세계에 들어오게 되면 간식이나 장난감같이 내가 원하는 것을 물질적으로 제공해주는 것뿐만 아니라 내 감정을 이해하고 배려해주는 것 또한 부모가 나를 사랑하는 방식임을 깨닫게 됩니다.

이를 통해 아이는 부모의 마음을 더 이해하고 가족 사이는 더욱 돈독해집니다. 이러한 환경에서 성장한 아이들은 타인의 의도를 더 빨리 파악하고 단순히 물질만으로는 채워질 수 없는 상대방의 욕구를 더 수월하게 이해하게 됩니다. "내가 너한테 못 해준 게 뭔데!" 혹은 "엄마 아빠는 내 맘도 잘 모르잖아!"라는 말로 서로 상처 입히는 상황이 줄어듭니다. 감정조절능력을 발달시킴으로써 아이의 사회성을 길러주는 효과가 생기게 되는 것입니다.

감정조절능력이 잘 발달한 아이들은 원하는 것을 얻지 못하는 상황도 유연하게 받아들일 수 있게 됩니다.

아이들은 항상 자신이 원하는 무언가를 얻지 못해서 좌절합니다. 유치원에 갔다 돌아오는 길에는 포켓몬 카드를 뽑고 싶고, 친구 집에 놀러 갔다 귀여운 인형을 발견하면 집에 갈 때

인형을 가져가고 싶어하죠. 감정 발달이 더뎌서 당장 갖고 싶다는 마음에 금방 휩쓸리는 아이들은 커서도 원하는 것을 얻지 못했을 때 쉽게 좌절하고 주변과 마찰을 일으키기 쉽습니다. 감정이 잘 제어되지 않아 시야가 좁아지기 때문이죠. 어쩔 수 없는 상황이 있다는 것과 화를 낸다고 원하는 것을 얻지는 못한다는 것을 이성적으로 깨닫기 전에 감정에 압도돼버리는 것입니다. 그래서 아이의 인내심과 유연한 사고를 키워나가려면 감정을 스스로 달래는 능력을 길러주는 것이 좋습니다.

감정을 제때 필요한 만큼만 발산하는 능력은 아이가 자신에게 닥칠 위기를 스스로 예방하는 데에도 기여합니다.

동생에게 무엇인가 양보해야 할 때 받는 스트레스, 친구가 자꾸만 귀찮게 해서 나는 짜증, 숙제를 잘해야 하고 성적이 잘 나와야 한다는 압박감. 이런 감정들은 아이의 마음속에 누적되기 전에 적절하게 표현되는 것이 중요합니다. 쌓인 감정일수록 일단 격한 행동으로 표출되기 쉽고, 극단적인 선택을 하기도 쉬워지니까요. 주먹질이나 난폭한 말을 한다든지, 하던 일을 모두 거부하고 화를 내는 것처럼요. 이러한 아이의 행동은 반드시 주변의 지적이나 반발을 불러오게 되니, 스스로 위기를 만드는 셈이 됩니다.

따라서 홧김에 폭식이나 폭음을 하고, 입 밖으로 내서는 안 되는 말을 하거나, 불안을 못 이겨 충동적으로 과소비하는 어른으로 성장하지 않게 하려면 감정조절능력을 반드시 길러주어야 합니다.

자기감정을 잘 읽는 아이는
흔들리지 않아요

예민이는 이제 막 영어 유치원에 들어간 여섯 살 아이입니다. 더 어려서는 쉽게 잠들지 못하고 자주 깨는 데다가 환경의 변화를 귀신같이 알아채곤 했어요. 여행을 가서 잠자리가 바뀌거나 평소와 일어나는 시간, 밥 먹는 시간이 달라지면 유독 짜증이 느는 모습도 보였습니다. 낯가림도 좀 있는 편이어서 낯선 사람을 보면 엄마 등 뒤로 숨기부터 했지요. 하지만 편안한 분위기에서는 장난기도 많고 재잘재잘 자기 이야기도 잘하는 모습에 부모도 크게 걱정하지는 않았어요.

그런 예민이가 날카로운 모습을 보이기 시작한 건 영어 유치원을 다니면서부터였어요. 이사를 하게 돼 한 살 늦게 들어가기는 했지만, 아이도 영어 유치원을 다닌다는 데 별다른 저항이 없었고 워낙 똑똑한 아이였기에 크게 걱정하지 않았지요. 그런데 시간이 지나면서 예민이는 작은 지적에도 크게 화를 내고, 한번 화가 나면 쉽게 가라앉히지 못하는 모습을 보이기 시작했어요. 부모는 아이가 유치원에서 무슨 안 좋은 일을 겪은 게 아닐까, 혹시 영어 수업이 힘들어서 그런가 걱정이 되었죠. 하지만 아이에게 "유치원은 어떠니?" "왜 이렇게 화가 났니?" 하고 물어봐도 아이는 "몰라" "그냥"이라고 대답할 뿐이었어요.

아이의 감정 폭발은 시간이 흐를수록 점점 더 강도가 세졌습니다. 기분을 달래주려고 어디 놀러 가자고 해도 흔쾌히 따라나서지 않았는데요, 어쩌다 기분 전환을 위해 외출을 할 때도 자기가 생각했던 계획에서 조금만 일이 틀어지면 당장 집에 가자며 소리를 질러댔습니다. 상황이 이렇다 보니 엄마 아빠도 인내심이 바닥나고 얼굴을 붉히는 일이 잦아졌지요. 집안 분위기가 가라앉는 일도 그만큼 늘어났고요.

한번은 유치원 생활은 어떨지 궁금해 선생님께 물었다가 의외의 대답을 듣게 되었어요. 유치원에서는 아무 일도 없다고, 오히려 너무 얌전하게 잘 지내는 아이라는 거예요. 예민이에게 도대체 무슨 일이 일어나고 있는 것일까요? 집안에서 미운 오리 새끼가 되고 만 예민이의 마음속을 한번 들여다보도록 하겠습니다.

아이의
진짜 속마음

예민이는 다른 사람들이 자신을 보고 대단하다고 할 때 기분이 좋아집니다. 여태까지는 부모님이 시키는 일도 곧잘 따라 하고 말도 예의 바르게 하는 편이어서 칭찬을 많이 들었어요. 그런데 영어 유치원에 다닌 뒤로는 다른 친구들이 자기보다 칭찬을 더 많이 받는 것 같아서 신경이 쓰였어요. 예민이가 말할 때 옆에 앉아 있던 친구가 살짝 웃자 다른 친구들도 모두 따라 웃었는데, 그게 자기를 놀리는 거 같아서 그 뒤로는 말할 때마다 불안해지거나 부담이 찾아왔어요. 그래서 영어 유치원에 가기 싫은 마음이 들었지만 그렇다고 말하면 왜인지 혼이 날 것만 같아 부모님께는 말하지 않기로 했지요.

예민이의 마음속에는 참 여러 가지 감정들이 숨어 있었네요. 문제는 예민이가 이런 감정들을 스스로는 깨닫지 못하고 있다는 점입니다. 말하기가 부끄럽고 불안해서 말하지 않기로 결정했기 때문이지요. 그러다 보니 부모님도 예민이의 마음을 이해하고 달래줄 수가 없었고, 예민이는 엉뚱한 데서 폭발하는 일이 반복되었습니다. 예민이는 예민이대로 불만이 쌓이고, 부모는 부모대로 속이 상하고 지쳐가고 있었지요.

만약 예민이가 서툴더라도 자기 마음을 표현하기 시작했다면 어땠을까요? 아이의 오해를 바로잡기도 쉬워지고 부모가 응원도 제때제때 해줄 수 있었겠지요. 그래서 가족 전체의 평화를 위해서는 아이가 자신의 감정을 잘 읽는 것이 중요합니다. 자기의 마음을 이해해야 밖으로 표현하기 수월해지거든요. 하지만 몇 가지 방해 요소가 아이 스스로 감정을 읽지 못하도록 가로막습니다.

감정 읽기가 어려운 아이들

주로 가정의 분위기가 아이의 감정 읽기 능력에 영향을 줍니다. 감정보다는 논리, 문제해결을 너무 중요시하는 집에서 자라는 아이들은 감정을 '필요 없는 것' '문제해결에는 별다른 도움이 되지 않는 것'이라고 생각하게 됩니다. 이런 생각이 지속되다 보면 감정을 표현하는 것은 나약한 사람들이 하는 행동이라는 인식이 생겨납니다. 그러다 보니 감정 표현하는 일을 수치스럽게 느끼거나, 감정 표현이 풍부한 사람들을 얕잡아보고, 논리로 누르려고만 하는 일이 벌어집니다. 아이의 입에서 "내 말이 맞는데 나한테 왜 그래요?"와 같은 말들이 튀어나오게 되는 것이죠. 내가 하는 말은 맞는 말이니 듣는 사람의 감정을 신경 쓰지 않아도 된다는 태도가 굳어집니다.

　반대로 감정에 지나치게 영향을 받아 요동치는 집에서 자라는 아이들은 어떨까요? 부모의 감정에 따라 불벼락이 떨어지기도 하고 모진 된서리를 맞기도 합니다. 그러다 보면 아이는 감정을 '불편한 것' '함부로 꺼냈다간 위험해지는 것'이라고 느끼게 되지요. 이런 아이들은 감정을 자꾸 억압하게 되고, 스스로가 왜 힘든지도 모르는 상태가 되기 쉽습니다. 자기감정을 제대로 읽고 표현하는 법을 알지 못하다 보니, 행동이나 태도 같은 간접적인 요소들로 감정을 표출하는 일이 많아집니다.

　부모로서도 아이가 왜 그런 행동을 하는지 알 수 없으니 마치 수수께끼를 푸는 듯한 상황이 반복되겠지요. 하지만 실제 수수께끼와 달리 힌트를 찾기도 어렵고, 힌트를 받아내기도 힘들다는 것이 특징입니다. 문제를 내는 아이가 도통 협조를 해주지 않기 때문이지요. 아이로서는 내 감정을 드러냈다가 부모님의 감정이 또 폭발하지는 않을까, 더 이상 생각하고 싶지 않은 기억들이 떠오르지는 않을까 불안한 마음일 것입니다.

자기감정을
잘 읽는다는 것

내가 무엇을 느끼는지 정확하게 아는 것은 다른 사람과 어울려져 살아가는 데 있어 필수적인 능력입니다. 아이는 자신의 감정을 제때 읽어냄으로써 내가 무엇이 필요한지, 내가 무엇에 상처받는지 부모님에게 바르게 알려줄 수 있습니다. 그런 감정 표현들과 깨달음으로 인해 가족간의 오해도 줄어듭니다.

"아, 사실 유치원 시설이 마음에 안 들어서가 아니라, 선생님이 무뚝뚝해 보여서 무서웠구나."

"엄마가 제때 데리러 안 와서 화가 난 게 아니라, 엄마에게 무슨 일이 생겼을까 봐 불안했던 거구나."

이처럼 부모의 적절한 리액션이 동반된다면 더할 나위가 없겠습니다. 이때 아이가 느끼는 행복과 안정감은 다른 사람을 배려하고자 하는 의지의 원동력이 됩니다.

자신의 감정을 자세하게 이해할수록 타인의 감정을 빠르게 파악할 수 있다는 점도 잊지 말아야 합니다. 역지사지의 능력이야말로 또래나 선생님 등 모든 인간 관계에서 아이에게 큰 장점이 될 수 있으니까요.

부모들은 아이가 자기 생각이나 욕구에만 충실할까 봐, 이기적인 아이가 될까 봐 아이의 표현을 억누르는 경우가 많습니다. 하지만 모든 일에는 순서가 있기 마련입니다. 타인을 잘 배려하려면 먼저 자기 자신을 잘 배려할 줄 알아야 합니다. 따라서 부모는 먼저 아이가 자신의 감정을 잘 읽고 스스로 표현할 수 있도록 도와주어야 합니다. 그래야 아이의 소통 능력, 배려 능력이 무르익어 평화로운 가족이라는 열매를 맺을 수 있습니다.

양육이 어려운 것은
바로 감정 때문

여기, 화난 표정으로 콧김을 씩씩거리는 어린이가 있습니다. 상황을 보아하니 동생을 때려서 혼이 난 모양이에요. 부모님께 한소리 들은 것이 분명한데도 아이는 뭔가 납득이 안 되는 표정입니다. 오히려 억울하다는 말을 작게 중얼거리고 있습니다. 이 아이에게는 대체 무슨 일이 있었던 걸까요?

엄마도 짜증이 잔뜩 났습니다. 때는 평화로운 일요일 낮, 두 아들을 돌보느라 쌓인 피로를 잠시나마 풀고자 모처럼 잠깐 누워서 쉬려던 참이었어요. 그런데 까무룩 잠이 들려던 찰나, 야속하게도 자비 없는 울음소리가 엄마의 휴식을 와장창 박살 내

버렸습니다. 안 그래도 옥신각신하던 형제였기에 이번에도 형이 동생을 건드렸구나, 바로 짐작이 되었지요. 엄마는 속에서 부글부글 짜증이 치밀어오르기 시작했습니다.

아이에게 주의를 주려고 부스스 일어나고 있는데 큰아이가 먼저 달려와서는 "아니 쟤가요!"라며 되레 소리를 칩니다. '혼날까 봐 아이가 선수를 치는구나'라는 생각이 들자 엄마는 더욱 화가 났지요. 순간 엄마는 자기도 모르게 "야!" 하고 소리치며 큰아이의 등짝을 철썩 때리고 말았습니다. 간신히 잡고 있던 인내심이 뚝 하고 끊어지는 것 같았죠.

엄마의 스매싱과 고함에 아이는 그만 얼어붙고 말았습니다. 사실 형은 엄마를 편하게 쉬게 해주고 싶었어요. 그런데 동생이 도통 말을 안 듣고 엄마를 괴롭히려고 하니 화가 나서 동생을 밀치게 되었지요. 잠시 얼어 있던 시간이 지나고 나니 엄마가 그런 내 마음을 몰라줘서 스멀스멀 서러움이 복받치기 시작했어요.

"내 말 좀 들어보라고요!"

"뭘 잘했다고 그래! 동생 때리는 건 절대 안 되는 일이야!"

해명을 하고 싶었지만 엄마는 말할 기회를 주지 않았어요. 엄마는 애써 감정을 다잡고 앞으로는 문제가 생기면 엄마를 깨우라고 다시 한 번 더 알려주었지만, 이미 화나고 억울한 마음이 되어버린 아이에게 그 말이 제대로 전달되었을지는 의문입니다. 큰아이는 이제 더 이상 뭐라고 말은 안 했지만 여전히 불만 가득한 표정이었고, 엄마는 아이에게 그렇게까지 화를 낼일이었나 하는 생각에 자괴감으로 눈시울이 붉어집니다.

옳은 말보다 공감의 말이 필요해요

왜 이런 전쟁이 벌어지게 된 것일까요? 부모가 놓치고 있는건 무엇일까요? 부모들은 아이를 키울 때 주로 논리와 합리성을 강조합니다. 그러니까 맞고 틀리고를 따지게 됩니다. 그런데 부모가 옳은 결정을 하고 이에 대해 자세히 설명해주어도 아이는 말을 들으려 하지 않는 경우가 많지요. 같은 말을 반복해도 도통 행동이 바뀌지 않습니다. 그러다 보면 자연스레 부모의 마음에도 답답함과 화가 쌓이게 되지요. 재잘거리는 소리와 웃음소리가 자주 들리는 집이 되었으면 했는데 그보다는 화난 목소리와 침묵이 오가는 집이 되어버립니다.

양육을 어렵게 만드는 데에는 대부분 감정이 관련되어 있습니다. 부모가 아이의 감정을 잘 알지 못하면 아이의 마음에 상처를 주기 쉽습니다. 모든 사람은 공감받고 싶어 하지요. 그리고 내 감정을 공감해주지 못하는 사람의 말은 듣기 싫기 마련이고요. 부모에게 공감받지 못하는 경험이 계속 쌓이다 보면 아이는 부모의 말을 한 귀로 듣고 한 귀로 흘리기도 합니다. 급기야 대화를 거부하는 경우도 발생하고요.

그러다 보면 부모는 부모대로 아이에게 말을 잘 들어야 하는 '이유'만을 더 강조하게 됩니다. 아이는 "아, 그랬구나" "많이 속상했겠다" 같은 공감의 말을 듣고 싶었는데, 엄마 아빠는 자꾸만 "네가 그렇게 한 건 잘못된 행동이야" "그건 네가 잘못 생각한 거야" 하고 분석부터 하지요. 결국 아이의 마음속에서는 이해받지 못한다는 불만족이 더욱 커져갑니다. 그 결과 양육의 효율은 더 떨어지고 큰소리치는 일이 잦아지는 악순환이 반복됩니다.

감정은 아이를 행복으로 이끄는 동력

감정은 사실을 인식하는 과정에서 마치 필터와 같은 역할을 수행합니다. 똑같은 상황도 각기 다르게 해석하는 이유가 여기에 있습니다. 예를 들어서 사진을 찍을 때 어떤 필터로 설정하느냐에 따라 사진첩에 남는 풍경이 달라지듯이, 마음속에 불안이 있는 아이는 부모의 훈육 상황을 위협적으로 인식하기 쉽습니다. 부모는 아이의 잘못된 행동을 바로 잡아주기 위해 단호하게 설명해주었을 뿐인데, 아이는 부모가 자기에게 화를 냈다고 여기며 배신감과 억울한 마음을 품게 됩니다. 이처럼 아이의 감정을 이해하지 못한 채 아이를 대하면 오해와 의견의 충돌이 생길 수 있습니다.

아이가 상황을 잘못 인식해 오해가 생길 경우 부모는 더욱 '사실'만을 강조하는 함정에 빠지기 쉽습니다. '아이가 왜 그렇게 느끼는가'에 초점을 맞추지 않는다면, 다시 말해 아이의 감정을 간과한다면 아이가 부모의 말을 진정으로 납득하고 따르기는 어렵습니다. 납득하지 못하니 당연히 인식도 바뀌지 않고, 인식이 바뀌지 않으니 행동도 변화하기 어렵겠지요. 오해는 오해를 불러, 부모의 입장에서는 아이가 변화하지 않는 모습에 실망하거나 아이의 이해력을 의심하기도 하고, 급기야 아이가 부모인 자신을 무시한다고 느끼는 상황에 이르기도 합니다.

감정의 중요성을 말씀드리기 위해 아이를 키워나가는 일을 증기 기관차를 타고 움직이는 철도 여행에 비유해보겠습니다. 이성적인 판단과 합리적인 설명은 철로를 올바르게 까는 일, 목적지까지 도착하는 효율적인 노선을 선택하는 일에 가깝습니다. 그렇다면 아이의 감정을 무엇보다 먼저 챙겨봐주는 일은 무엇에 비유할 수 있을까요? 아이의 감정을 잘 이해하고 공감하는 것, 아이가 감정을 잘 표현할 수 있게 도와주는 것은 기관차가 계속 달릴 수 있도록 석탄을 공급하는 일과 비슷한 역할을 합니다. 아이는 감정이라는 동력이 있어야 행복한 삶이라는 목적지에 도착할 수 있기 때문입니다.

아이의 마음이 움직여야 아이의 행동도 바뀌고, 그래야 양육도 좀 더 수월해집니다. 양육이라는 긴 여행이 안전하고 즐거운 시간이 되려면 우리 아이의 마음이 차게 식거나 혹은 과열되지 않았나 잘 살펴보는 것이 중요하겠습니다.

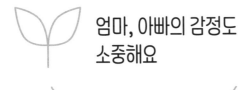

엄마, 아빠의 감정도 소중해요

"나만 잘 참으면 되는데 항상 터져서 문제가 생겨요."

정말 많은 부모들이 진료실에서 이렇게 말합니다. 걱정스러운 표정과 자책하는 태도로 말이지요. 그런데 막상 이야기를 나눠보면 오히려 너무 참을성이 강한 분들인 경우가 많습니다. 그래서 저는 이렇게 말씀드립니다. 문제 상황이 생기면 혹시 너무 자동적으로 참게 되지 않는지, 또는 너무 오랫동안 참아오다가 쌓인 감정이 터져나온 것은 아닌지 살펴봐야 한다고요.

육아에 있어 아이의 감정을 읽는 것의 중요성은 아무리 강조해도 지나치지 않습니다. 그런데 그보다 앞서 부모가 자신의 감정부터 잘 읽을 수 있어야 합니다. 한국 사회는 부모가 자신을 아이와 동일시하는 문화적 특징이 남아 있지요. 또한 자기 감정을 자유로이 표현하면 가벼워 보이거나 무례한 사람으로 비춰진다는 사회적인 인식도 있고요. 이런 제약들이 부모들로 하여금 자신의 감정을 잘 살펴보고 이해하는 시간을 갖지 못하게 가로막습니다. 그 결과 아이의 감정을 자신의 감정보다 우선시하거나, 아이의 감정에 지나치게 이입하게 됩니다. 아이를 위해서 내 감정은 우선 덮어두고 '일단 참자'라는 대처 방식을 자꾸 사용할 수밖에 없게 되는 것이지요.

감정을
쌓아두지 마세요

하지만 이렇게 부모 자신의 감정을 무조건 억누르기만 하는 것은 오히려 아이에게 좋지 않습니다. 부모의 바람과 달리 육아에 악영향을 끼치게 되거든요. 억압repression은 내 마음을 지키기 위한 여러 방어기제의 하나로, 불쾌하고 고통스러운 감정과 그 원인을 의식하지 않고 회피하거나 부인하려는 것을 의미합니다. 이는 택배 상자를 뜯어보지도 않은 채 일단 창고 안에 처박아두는 것과 비슷합니다.

계속해서 도착하는 택배 상자를 그대로 창고에 던져두기만 한다면 어느새 문도 닫기 어려운 상태에 이르겠지요. 이처럼 감정을 계속 억누르기만 한 사람의 마음에는 더 이상 다른 감정이 들어가기 어렵게 됩니다. 참거나 버티지 않고 그때그때 마음을 정리해야 와장창 무너지는 일을 막을 수 있을 텐데, 하도 뜯지 않은 짐들이 많다 보니 어디서부터 어떻게 정리해야 할지 한 번에 해결하기 어려운 상황을 곧 마주하게 되지요.

그래서 부모도 자신의 감정을 미리미리 읽고 챙기는 데 신경을 써야 합니다. 아이의 감정을 좀 더 잘 이해해주고 받아줄 여유를 갖기 위해서라도 말이에요. 내 감정을 먼저 들여다보고 정리해두지 않고 무작정 참았다가는 인내심이 더 빨리 소진되고 맙니다.

이제부터라도 아이와 함께하는 시간 동안 느끼는 나의 감정들을 잘 살펴보세요. 이게 무시할 만한 일인지, 짚고 넘어가야 할지, 위로를 받아야 할지, 반성을 해야 할지…. 해결하지 못한 감정이 감당하기 어려울 만큼의 무게로 쌓이기 전에 미리미리 돌봐주고 발산하고 승화시킬 기회를 가져야 합니다. 그래야 10만큼만 화내도 될 일에 100으로 화내지 않게 됩니다.

훈육이
통하지 않는 이유

자신의 감정을 무시하다 보면, 내가 한 행동의 진짜 이유를 들여다보기도 어려워집니다. 아이의 행동에 지금 내가 왜 이렇게까지 속상하고 화가 나는지 스스로도 이해가 잘 안 되는 경우가 생기는 거죠. 이성적인 이유 못지않게 감정적인 이유도 중요한데, 감정이 배제되었으니 나 스스로도 혼란스럽고 또 아이와의 사이에서도 서로 오해가 생길 수밖에 없겠지요.

아이가 한 번에 대답을 잘 하지 않아서 화가 난 아빠가 있다고 가정해보겠습니다. 이성적인 측면에서 바라보면 화난 이유가 '예의를 지키지 않으면 아이의 이미지가 안 좋아질까 봐 걱정되어서'일 수 있지만, 이게 다가 아니라는 것을 생각해보아야 합니다. 감정적인 측면에서 바라보면 '아이가 나를 무시하는 것 같아서' '주변의 어른들이 아이를 버릇없다고 여기고 싫어하게 될까 봐 불안해서'일 수 있는 거죠.

표정이나 말투에서 분명 화가 느껴지는데도 아빠는 "너에게 예의를 가르쳐주는 거지, 아빠가 화가 난 게 아니야"라고 말합니다. 아이에게 불안에 휩쓸리는 약한 모습을 보이고 싶지 않거나, 권위가 무시당했다고 욱하는 아빠로 보이고 싶지 않기 때문입니다. 아이의 눈에는 아빠의 감정과 행동이 일치하지 않으니 혼란스러울 수밖에 없겠지요. 훈육이 제대로 될 리 없습니다.

이렇게 부모가 자기 마음을 잘 못 읽거나, 의도적으로 안 읽어버리면 양육의 효율은 감소하게 됩니다. 부모의 가르침이 아이에게 반쪽만 흡수될 수도 있고요. 아이가 예의의 중요성은 이해할 수 있을지 몰라도 '아빠가 내가 잘못될까 봐 불안하고 걱정되는구나' '아빠는 무시받는다고 느껴서 화가 났구나'라는 것은 알 수 없으니까요. 심지어 아이는 '아빠 대체 왜 저래? 이럴수록 내가 더 혼란스럽다는 걸 모르나?'라고 생각할 수도 있습니다. 존중받아야 할 아빠의 감정이 오히려 반감의 이유가 되어버리는 것이지요.

이런 오해가 자주 반복되는 집에서 성장한 아이들은 부모의 감정을 잘 이해하지 못하거나 의도적으로 무시하는 아이로 자랄 수 있습니다.

"선생님도 알아요. 원래 내가 대답 바로 잘 안 하는 애라는 걸요. 선생님은 별로 그거 신경 안 쓰세요, 아빠."

이렇게 아빠의 마음을 모르는 채, 혹은 모르는 척 엉뚱한 이야기를 하기 쉽지요. 훈육 이후에 아이의 말투는 공손해질 수 있을 겁니다. 하지만 의도적으로 아빠의 마음을 읽는 것을 거부하며 아빠의 감정이나 권위를 은근히 무시하는 태도를 보일 수도 있습니다. '감정을 솔직하게 표현하는 것은 손해'라는 생각을 갖거나, 아빠가 그랬던 것처럼 솔직한 감정과는 다른 의도를 꺼내놓게 되는 것입니다. 이처럼 아이가 부모의 감정을 정확히 이해하지 못하는 상황은 새로운 갈등으로 이어지게 되지요.

　부모가 속을 알기 어려운 사람일수록 아이가 받는 스트레스나 불안도는 커집니다. 자기감정 읽는 법을 배워가는 단계에서 부모는 마치 아이에게 사용하기 쉬운 전자기기 같은 모습을 보여줘야 합니다. 사용하기 쉽다는 것은 어떤 의미일까요? 현재의 상태가 어떤지 명확하게 보이고, 작동 원리가 간단해야 합니다.

　아이에게 전자기기의 사용법을 쉽게 가르치는 방법은 먼저 내가 그 도구의 사용법을 숙지하는 것입니다. 감정 읽기도 마찬가지예요. 내가 먼저 나의 마음을 잘 알고 내가 느끼는 것을 아이에게 분명히, 그리고 쉽게 알려주는 것이 중요합니다. 훈육의 효율을 위해서라도 부모인 나의 감정 또한 소중하다는 사실을 꼭 기억해주세요.

부모인 내 감정을
잘 읽는 5가지 방법

"아이만 괜찮다면 저는 상관없어요."

진료실에서 제가 가장 많이 듣는 말 중 하나입니다. 이 말에는 분명 많은 부모들의 진심이 담겨 있으며, 틀림없는 사실이기도 합니다. 하지만 이런 말을 계속 듣다 보면 정신과 의사인 제 마음 한편에서는 걱정이 스멀스멀 올라오기 시작합니다. 부모에게 여력이 있어야 아이를 지속적이고 안정적으로 돌볼 수 있거든요.

아이에 대한 애정과 책임감이 아무리 높다고 해도, 자신의 감정은 돌보지 않고 아이만 챙기다 보면 언젠가는 소모가 되게 마련입니다. 그러면 평소에는 웃어넘길 수 있는 아이의 실수나 반항에도 민감하게 반응하게 되지요. 한편으로는 이때 발생하는 부정적인 감정을 아이에게 표출하지 않으려고 애쓰며 마음속 깊이 그 감정들을 쌓아두게 됩니다. 이렇게 쌓인 해결하지 못한 감정들은 가득 찬 둑이 무너지듯 갑자기 터질 수 있습니다. 아이를 향한 분노나 짜증의 형태로 말이에요. 이렇게 참았다가 터지는 일이 반복되면, 결국 양육자에게 가장 독이 되는 감정인 자괴감과 자책감이 부모를 집어삼키게 됩니다.

아이를 키우는 것은 참 만만치 않은 일입니다. 아이가 자립할 수 있을 때까지는 오랜 시간이 걸리지요. 그런데 안타깝게도 이때 필요한 인내심은 쓰면 쓸수록 느는 근육 같은 능력이 아닙니다. 오히려 무리하면 무리할수록 닳아 없어지는 관절과 같은 감정이지요. 그래서 부모는 양육의 긴 여정 동안 무엇보다 자기 자신이 소모되지 않도록 내 마음을 잘 관리해야 합니다. 그런 측면에서 아이를 키우는 일은 부모 자신의 밀린 숙제와 마주하는 일이기도 합니다. 아이를 키우면서 겪는 어려움은 내가 아이였을 때 겪은 어려움이었을 가능성이 높기 때문입니다.

어린 시절 다루기 힘들어 묻어두었던 감정들이 다시금 어른이 된 나를 찾아옵니다. 버린 물건을 누군가 굳이 찾아와 다시 손에 들려주는 느낌이랄까요. 아이가 생기기 이전까지는 힘든 상황을 피하거나 내 감정을 무시하면 되었는데, 이제부터 닥치는 상황은 나 자신의 일인 동시에 내 아이의 일이기도 하니 피할 수도 없습니다. 이럴 때면 '왜 우리 아이가 나의 이런 부분을 닮았을까'라는 생각에 야속하기도, 미안해지기도 합니다.

육아가 만만치 않은 만큼, 아이를 안정적으로 돌보기 위해서라도 부모인 내 감정을 챙기는 것은 선택이 아니라 필수입니다. 자신을 돌보는 일을 "아이만 괜찮으면 저는 상관없어요"라며 미뤄두는 사이에 부모는 서서히 우울감, 자책감, 무기력감 같은 육아를 방해하는 감정들에 휩싸여갑니다. 부모인 나를 챙기는 일이 나만을 위한 일이 아니라는 것을 꼭 기억해주세요. 그리고 이어서 소개해드리는 방법들을 잘 기억하며 부모인 내 감정도 잘 돌보는 양육자가 되시길, 그래서 육아가 행복한 기억으로 남기를 바랍니다.

내 감정 정확하게 읽기

부모로서 먼저 내 감정을 잘 돌보기 위해서 제일 중요한 일은 나 자신의 감정을 정확하게 읽는 것입니다. 이때 수반되어야 할 중요한 2가지 조건이 있습니다.

첫째, 나 자신이 소중한 사람이라는 것을 상기하는 것입니다.

이는 아이의 감정과는 별개로 나 자신과 나의 감정도 소중하며 대우받아야 한다는 사실을 기억해내는 과정입니다. 아이를 키우기 위해 자신을 희생하는 것은 분명 숭고한 일이지만, 이것이 부모 자신의 마음속에서 당연시되어서는 안 됩니다.

나의 감정을 소중히 여기기 위한 방법들은 다음과 같습니다.

자신의 감정에도 발언권 주기

아이가 스스로의 감정을 읽도록 돕는 것은 항상 중요합니다. 그래서 부모는 아이가 자신의 감정을 충분히 표현할 때까지 기다리고 격려하지요. 여기에 더해 간과하기 쉬운 다음 순서도 잊지 않고 챙겨주시면 더할 나위 없습니다. 그것은 바로 아이의 행동으로 인한 부모의 감정을 표현하는 것입니다. 일명 '나 전달법'이라고도 하지요.

"○○이가 화났을 때 소리를 지르면 엄마는 속상하고 슬퍼."

이렇게 부모가 감정을 표현하면 '화난다고 소리를 지르면 나빠' 하고 직접적으로 아이를 정의 내리는 것보다 아이가 받아들이기 쉽습니다. 뿐만 아니라 아이들이 부모에게도 감정과 생각이 있다는 사실에 빨리 눈뜨게 됩니다. 감정은 말로 표현하지 않으면, 누군가 듣고 반응해주지 않으면 잊히게 되니까요.

잊힌 내 감정을 다시 마주하는 것이 나를 소중히 여기는 첫걸음이라는 사실을 기억하세요.

셀프 칭찬하는 법에 눈뜨기

부모가 아이를 돌보는 것은 누가 시켜서 하는 일이 아닙니다. 아이에게 대가를 바라고 하는 일도 아니지요. 사실은 매일 칭찬을 받아야 하는 일인데, 실상은 그렇지 않습니다. 모두가 하다 보니 어느새 당연한 일처럼 되어버렸지요.

아이를 키워본 적이 있거나 유아 교육에 종사하거나 조카를 잠깐이라도 봐준 적이 있다면 아이를 돌보는 일은 칭찬과 비난의 균형이 잘 맞아떨어지지 않는다는 데에 분명 공감하실 겁니다. 한 달, 일 년을 잘 돌봐도 단 한 번의 실수나 문제로 비난받기 쉬운 것이 양육입니다. 심지어 나 자신이 그 비난에 가세해 나에게 돌을 던지기도 하지요. 내가 하는 일이 얼마나 대단한지는 잊고 억울함이나 자괴감만이 마음을 가득 채우게 됩니다.

부모인 내가 하는 일의 소중함을 스스로 깎아내리지 마세요. 나 자신을 내가 먼저 칭찬해주어야 합니다.

"오늘 하루도 아들 둘 밥 제때 챙겨 먹이고, 필요한 거 빠지지 않고 다 챙겼네. 점점 요령이 느는군."

"친정엄마 없이 하루를 어떻게 보내나 했는데, 어찌어찌 무사히 하루가 갔네. 우리 딸이랑 좀 친해진 것 같은데?"

이런 셀프 칭찬의 말들을 스스로에게 자주 해주세요. 셀프 칭찬은 자존감을 높여줄 뿐만 아니라 내가 지금 무엇을 바라는지, 나의 마음속에 어떤 것이 더 필요한지 알 수 있게 해줍니다.

둘째, 아이의 감정과 나의 감정을 어느 정도 분리하는 것입니다.

아이의 감정에 공감하기 위해서는 어느 정도의 감정 이입이 필요합니다. 이 감정 이입의 정도를 조절하는 것이 나의 감정을 정확하게 읽고 지키는 데 매우 중요합니다. 아이의 감정에 지나치게 이입하면 거기에 나도 모르게 휩쓸리게 되거든요. 아이의 감정과 생각은 아직 다듬어지지 않았기 때문에, 아이는 상황을 오해하는 경우가 더 자주 생기고, 어른보다 더 격하게 감정을 느끼는 경우도 종종 발생합니다. 아이의 이런 감정들이 나를 지배하고 흔들 경우 아이의 감정과 내 감정을 분리해서 생각하기 어렵습니다. 아이보다 빨리 감정의 충격에서 회복해 의연한 모습을 보여야 할 상황에서도 불안정한 모습을 보이고 맙니다.

아이의 감정에 공감하되 적절한 냉정함을 유지해야 합니다. 아이가 어린이집에서 친구 사귀는 것을 어려워하면 부모는 마음이 아프지요. 그래도 "이사 와서 친구를 다시 사귀어야 하니까 낯설고 힘들겠구나"라고 공감해주면서 아이가 친구들이 안 다가와줄까 봐 지나치게 비관적으로 생각하지 않는지, 친구들의 시선을 너무 의식하지는 않는지 냉정하게 살펴봐주어야 합니다. 아이의 감정에 공감해줄 때 냉정함을 유지하는 것은 물에 빠진 사람을 구하러 뛰어들 때 구명조끼를 입고 들어가느냐 아니냐의 차이와도 같습니다. 나도 살리고 아이도 살리기 위해서는 꼭 아이의 감정과 나의 감정을 분리하여 생각해주세요.

나 자신이 존중받는 환경 만들어나가기

주변인들의 존중도 부모가 자신의 감정을 잘 돌보는 데 필수적인 조건 중 하나입니다. 육아의 어려움으로 시커멓게 타들어간 마음을 토로할 때면 "아이를 키우는데 그 정도는 당연한 거지" "다른 사람들도 다 그렇게 애 키우면서 살아"라는 식으로 나의 감정 표현을 탁 차단시키시는 사람들이 있습니다. 이런 사람은 나의 어려움에 공감하지 못하고 나의 가치를 존중하지 않을 가능성이 높습니다.

아이가 친구를 처음 사귀기 시작할 때 해주는 말들을 한번 떠올려보세요.

"너를 아껴주는 친구를 만나렴."

"네 말을 끝까지 들어주는 친구를 만나렴."

"네가 한 행동에 고마워할 줄 아는 친구를 만나렴."

아이가 혹 자존감에 상처를 입지 않을까 고민하며 건넸던 말들, 그 말들은 어른이 된 부모에게도 여전히 유효합니다. 나를 진정으로 위하는 사람들, 내 마음이 필요로 하는 사람들에게 집중하세요. "친구가 자꾸 힘들게 하면 '싫어! 하지 마! 안 돼!' 라고 이야기하렴"이라고 아이에게 건넸던 말도 떠올려보세요. 내 마음을 지키기 위해서 타인의 요구를 거절할 수도 있고 상대방에게 맞서야 하는 일도 필요합니다. 누군가를 찍어누르거나 송두리째 바꾸려는 목적이 아니더라도 '내 마음이 이렇다. 나는 이런 것을 원치 않는 사람이다'라고 스스로를 위해 선언해주세요. 내가 나를 위해 목소리를 낼 수 있다는 걸 깨닫는 순간 나 자신을 위로할 수 있는 능력도 되찾게 되니까요.

나를 즐겁게 하는 일 찾기

육아를 하는 동안 긍정적인 정서를 유지하기 위해서는 자신만의 즐거움을 찾는 데에도 신경을 써야 합니다. 어른들에게 즐거움이란 놀이터에서 한 움큼 퍼 올린 모래와도 같습니다. 쥘 수 있는 만큼 쥐었다고 생각해도 시간이 지나 보면 손가락 사이로 스르륵 빠져나가 버리지요. 한마디로 삶에 재미가 점점 없어진다는 이야기입니다.

먹고사는 일에 하루하루 애쓰는 사이 나의 열정과 체력은 어느새 소진돼버렸습니다. 여유 없이 살다 보니 무엇을 할 때 내가 즐거워했었는지 가물가물하지요. 하지만 이럴수록 더욱 나를 즐겁게 하는 일을 찾아 나서야 합니다. 누가 '재미있는 일, 여기 있다' 하고 내 손에 쥐여주지 않을뿐더러, 즐거움을 느끼는 포인트는 사람마다 제각각이거든요.

시간을 많이 내지 않고도 할 수 있는 일상의 소소한 즐거움부터 한번 찾아보세요. 영화 한 편이 될 수도 있고, 좋아하는 분위기의 카페에서 커피 한 잔 마시는 일도 좋겠지요. 좀 더 생산적인 일을 해보고 싶다면 일주일에 며칠은 인터넷 강의를 수강하거나, 학원에 다니는 방법도 있습니다. 체력 없이는 아무것도 이룰 수 없으니 운동을 꾸준히 하는 것도 나를 지키고 삶에 활력을 더하는 좋은 방법이겠지요.

나에게 맞는 일을 찾았다면, 이에 대한 감상을 글로 남기기, 같이 할 사람을 찾기, 지식이나 실력 늘려나가기 등 이 즐거움에 살을 붙여나갈 방법을 궁리해보세요.

중요한 것은 '부담 없이' 해야 한다는 것입니다. '없는 시간과 체력을 쪼개서 하는 일인데, 재미도 있고 의미도 있어야 하는데'라는 생각을 갖는 순간 우리는 비장해집니다. 그 결과 자연스레 선택 장애와 만족 불감증이라는 부작용이 따라옵니다. '나한테 딱 맞는 즐거움'이라는 정답을 단번에 찾아야 할 것 같고, 그 즐거움의 허들도 높아지기 때문입니다. 시도 자체에 의미가 있는 일, 과정이 더 즐거운 일들을 한번 찾아보세요.

정기적으로, 원하는 방식으로 쉬기

나를 즐겁게 하는 일을 찾으려고 해도 현실적인 어려움이 있지요. 시간도, 체력도, 심지어 경제적 여유도 충분하지 않은 경우가 태반입니다. 이때 중요한 게 바로 양육자 간의 바톤 터치입니다. 짧은 시간이라도 주양육자가 자신만의 시간을 가질 수 있도록 배려해주는 것이지요. 반드시 기억해야 할 것은 이런 휴식의 시간이 '정기적'이어야 하며, 주양육자가 좋아하는 방식으로 쉬도록 배려해주어야 한다는 거예요.

"자, 오늘 기분이다! 여보, 오늘 나가서 친구들이랑 밥도 먹고 영화도 보고 와!"라고 한다면 미리 계획을 세우기 어렵겠지요. 심지어 혼자 조용히 쉬는 게 즐거운 사람에게는 부담스러운 배려일 수도 있겠고요. 일주일에 한두 번, 한두 시간만이라도 시간을 온전히 나를 위해 보낼 수 있으면 일단 좋습니다. 대단한 일을 하거나 많은 시간을 배려받지 않더라도 내가 예측 가능한 시간에 내가 가장 원하는 방식으로 쉴 수 있다는 사실이 힘든 마음을 주저앉지 않게 해줍니다.

다른 양육자가 아침을 먹이는 동안, 일요일 아침에는 늦잠을 보장받는 것도 한 가지 방법입니다. 만성적인 피로를 조금이나마 달랠 수 있는 시간이 될 테니까요. 한 달에 하루는 다른 양육자가 아이를 데리고 외출하는 것도 시도해볼 수 있습니다. 가령 아빠들끼리만 아이들 데리고 만나기, 아빠랑 할머니집에 다녀오기 등처럼요. 어른들은 세상 돌아가는 이야기를 나누고, 아이들은 새로운 환경에서 친구나 가족을 만나 놀 수 있고, 주양육자는 쉴 수 있으니 모두에게 좋은 일이지요.

자책감 내려놓기

마지막으로 부모의 감정을 챙기기 위해서 꼭 해야 할 일 한 가지는 바로 자책을 떨쳐내는 것입니다. 아이를 키우는 일은 언제나 내 마음 같지 않지요. 종종 아이와의 관계가 나빠져 괴로움에 빠지는 시기가 찾아올 수도 있습니다. 하지만 나의 가치는 '부모로서의 나'에만 있는 것이 아닙니다. 배우자로서의 나, 직장에서의 나, 친구들 사이에서의 나, 봉사할 때의 나, 취미생활을 하는 나 등이 모두 모여 '나라는 존재'를 나타냅니다. '부모로서의 나'가 만족스럽지 않다고 해서 내 삶 전체를 깎아내리지는 않았으면 합니다. 큰 좌절감을 느끼면 누구든 내가 원래 가지고 있던 가치를 잊기 쉽지만, 그럴수록 나 자신의 소중함을 잊지 말아야 합니다.

아이는 아직 엄마 아빠에게도 자신을 돌보기 위한 시간과 여유가 필요하다는 사실을 모릅니다. 아무리 애써도 원하는 걸 얻지 못할 때가 있다는 사실도 받아들이기 어려워하지요. 그 결과 엄마 아빠가 나를 안 챙겨준다며 화를 내고, 나아가 엄마 아빠가 나쁘다고 비난을 하기도 합니다. 이런 아이의 비난을 너무 그대로 받아들여 자책하게 된다면 아이의 만족만이 우선순위가 되어버립니다. 나의 감정은 또 한 번 뒤로 밀려나 묻히고 말겠지요.

이런 상황이 반복되는 것은 아이에게도 좋지 않은 영향을 미칩니다. 부모의 헌신을 당연하게 여기거나 아예 부모가 나를 위해 헌신하고 있다는 사실을 모르고 성장할 수 있거든요. 아이가 나를 지나치게 비난할 경우 드는 생각, 부모로서 아이를 위해 어떤 헌신을 하고 있는지 등에 대해서 아이에게 터놓고 이야기해주세요.

"엄마 아빠의 마음을 잘 알아주던 ○○이가 지금은 귀를 막고 엄마 말을 안 들으려고 하는 거 같아서 슬퍼."

"엄마 아빠도 가끔은 졸리고, 배고프고, 집에 오고 싶어. 하지만 너한테 더 맛있는 걸 사주고 재밌는데 데려다주고 싶어서 힘을 내서 일하고 있단다."

부모를 포함한 타인의 배려나 희생에 감사하는 마음을 가진 아이로 성장할 수 있도록 해주세요. 아이의 행복이 곧 부모의 행복으로 이어진다는 건 틀림없는 사실입니다. 그런데 이와 마찬가지로 부모의 행복한 모습을 보여주는 것 또한 아이의 행복이 될 수 있다는 사실을 잊지 마세요. 부모가 행복해야 아이도 행복합니다.

부정적인 감정도
성장의 밑거름이 됩니다

부모는 자녀가 자라면서 여러 긍정적인 감정들을 많이 경험했으면 하는 소망을 품습니다. 애정, 성취감, 자신감, 자존감 같은 감정들이요. 그리고 그런 소망의 크기만큼 아이가 부정적인 감정들로 인한 고통은 겪지 않았으면 하는 마음도 크게 품게 됩니다. 이는 어찌 보면 당연한 이야기겠지요. 아이가 괴로움을 겪길 바라는 부모는 없을 테니까요.

그런데 유독 아이의 부정적인 감정 경험을 최대한 차단하려는 부모들이 있습니다. 분노나 좌절, 소외감 같은 부정적 감정이 아이의 미래에 끼칠 악영향에 대한 두려움이 큰 경우, 혹은 지금 눈앞에서 겪고 있는 아이의 고통에 대한 공감이 너무 커질 때 그런 경향이 발생합니다. 하지만 그런 부모들이 놓칠 수도 있는 사실이 한 가지 있습니다. 부모가 아이의 부정적인 감정 경험을 지나치게 꺼리면 오히려 아이의 성장에 해가 될 수 있다는 것입니다.

마음의 회복력이 떨어집니다

삶이 주는 여러 시련에 맞설 수 있게 해주는 힘은 무엇일까요? 인내력, 그러니까 어떠한 고통이 닥쳐도 어떠한 부정적인 감정이 생겨도 굳건히 그 자리를 지켜나가는 힘일까요? 큰 댐이 무너지면 홍수가 나듯이 참고 잘 참아서 터지는 문제는 오히려 감당하기 힘들 정도의 어려움으로 우리를 휩쓸어버립니다. 그럼 단 한 번의 실패도 용납하지 않는 완벽주의는 어떨까요? 완벽주의는 우리로부터 실패를 경험하고 실패를 다룰 능력을 키울 기회를 빼앗아갑니다. 완벽만을 추구하다가는 오히려 한 번의 실패에도 쉽게 무너져버릴 수 있지요.

인내심이나 완벽주의만 가지고 세상을 살아가기에는 세상이 참 만만치가 않지요. 또한 부정적인 감정을 억누르거나 차단하는 것만으로는 세상의 어려움에 대처하기 어려울 때가 많습니다.

회복 탄력성이라는 개념이 있습니다. 실패를 겪고 부정적인 감정을 느끼더라도 원위치로 돌아오는 능력, 즉 고무줄이 늘어났다가 탄력에 의해 원래대로 돌아오는 것처럼 마음을 스스로 회복시키는 능력을 설명하는 말입니다. 부정적인 감정을 지나치게 배제하면 오히려 실패를 다루는 능력이 떨어지고 한 번의 실패로 겪는 악영향이 더 커집니다. 그래서 이 회복 탄력성에 문제가 생기게 됩니다. '다시 해보면 더 잘할 수 있을 거야'라거나 '괴롭지만 그래도 계속해서 나아갈 거야'라는 의욕을 되찾기 어려워지는 것이죠. '괴로움은 이제 그대로 놓아두고 지금 현재에 집중하자'라고 생각하기까지 오랜 시간이 걸리게 됩니다.

회복 탄력성이 떨어지는 사람들은 그래서 더 실패를 두려워하게 됩니다. 실패로 인한 괴로움이 더 커지니까요. 그래서 부정적인 상황을 피하고자 하는 경향이 생기고, 이게 또 실패에서 회복하는 경험의 부족을 일으켜 회복 탄력성을 떨어트리는 악순환으로 이어지기 쉽습니다.

아이의 경우도 마찬가지입니다. 부모의 마음으로는 아이가 실패를 겪더라도 금세 원위치를 찾아서 자신의 마음도 편해지고 할 일도 해나갔으면 좋겠는데, 시련에 취약해진 아이는 제자리를 찾기에 너무 오랜 시간을 소모합니다. 그래서 부모가 자꾸만 더 과하게 잔소리를 하거나 아이가 해야 할 일까지 알아서 해주는 사태가 일어납니다. 그 결과 아이는 조금만 어려움이 예상되어도 이를 피하려는 모습을 보이기도 합니다.

자신의 능력을 최대로 키울 기회가 줄어듭니다

부모는 아이가 겪는 불안이 아이를 위축시키거나 자신감을 떨어트릴까 봐 걱정합니다. 그래서 아이에게 닥칠 변수들을 미리 다 없애려고 하지요. 아이가 해야 할 걱정을 부모가 미리 하고, 아이가 혹여 좌절감을 느끼게 될까 봐 이것저것 대신해주기도 하면서요. 숙제를 도와주거나, 해야 할 말을 대신 해주는 것도 그런 이유가 큽니다.

한편으로는 아이가 표현하는 분노가 다른 사람들에게 민폐가 되거나, 상처를 줄까 봐 아이를 억누르기도 합니다. 아이보다 다른 사람의 입장부터 고려하는 경우죠. 또 다른 경우, 아이가 시기심을 가지면, 바르지 않게 성장할까 봐 걱정되어 시기심은 좋지 않은 감정이라며 엄하게 가르치기도 합니다.

하지만 아이의 감정적 위기가 때로는 성장의 기회가 될 수도 있음은 알아야 합니다. 불안을 잘 지나 보낸 아이들은 새로운 상황을 두려워하지 않게 됩니다. 좌절감을 견딜 줄 알아야 오랜 인내 끝에 큰 성취감을 누리게 되지요. 화를 아예 못 내는 아이보다 필요할 때 필요한 만큼 화를 '잘' 내는 아이가 자신과 자신에게 소중한 것들을 잘 지켜나갈 수 있습니다. 시기심을 인정하고 이를 해결하려 애쓰는 경험들이 뒷받침된 뒤에야 남들의 성취를 진심으로 인정하고, 남들과 함께 성장하려는 어른으로 자랄 수 있습니다.

양육에서는 여러 가지 발상의 전환이 필요할 때가 있습니다. 아이의 부정적인 감정을 바라보는 부모의 시각 또한 그렇습니다. 감정도 골고루 섭취해야 마음이 더 튼튼해집니다. 아이의 부정적인 감정 경험은 무조건 좋지 않다는 고정관념이 아이를 편협한 사람으로 성장하게 만들 수 있습니다. 아이에게 밥을 차려줄 때 여러 가지 영양소를 섭취할 수 있도록 신경 쓰는 것처럼, 때로는 부정적인 감정 경험 또한 아이의 성장에 도움이 될 수 있다는 사실을 잊지 않았으면 합니다.

아이의 부정적인 감정 경험을
최대한 차단하려는 부모들이 있습니다.

하지만 그럴 경우 오히려
실패를 다루는 능력이 떨어져
한 번의 실패로 겪는
악영향이 더 커집니다.

'다시 해보면 더 잘할 수 있을 거야.'
'괴롭지만 그래도 계속해서 나아갈 거야.'
이런 의욕을 되찾기 어려워지죠.

'괴로움은 그대로 놓아두고
현재에 집중하자'라고 생각하기까지
오랜 시간이 걸립니다.

2장

한 번은 겪어봐야 할
불편한 감정들

좌절감

실패의 경험이 쌓여야
단단해집니다

진료실에서 많은 아이들을 만나다 보면 실패로 인한 좌절감을 유독 크게 느끼는 아이들이 눈에 들어옵니다. 낯선 것에 대한 불안이 높은 기질을 가진 아이들에게서 이런 모습이 주로 나타납니다. 또한 자신이 다른 사람보다 못하다고 생각하는, 자존감이 튼튼하지 않은 아이들, 부모의 기대에 대해 큰 부담을 느끼는 아이들도 실패를 견디지 못하는 경우가 많습니다. 이러한 아이들은 주변 어른들에게 자기가 잘했는지 못했는지 계속 결과를 평가받으려 하고, 자기가 이해한 규칙이 정답인지 반복해서 확인합니다. 익숙한 것이나 잘하는 것만 하려고 하는 경향이 있고, 새로운 것을 배우거나 새로운 곳에 가보자고 하면 거부감을 드러내며 저항하기도 하지요. 싫다는 표현을 적극적으로 하지 못하는 아이의 경우에는 발표나 시험을 앞두고 몸여기저기가 아프다고 호소하는 일도 생깁니다.

좌절감을 잘 다루지 못하는 아이는 실패나 실망을 견디는 힘이 떨어질 뿐 아니라 일의 결과를 성공과 실패의 흑백 논리로 판단하려는 경향이 있습니다. 그래서 실패를 지나치게 크게 받아들여서 '다 망했다'고 생각하거나, 시치미를 뚝 떼며 실패했다는 사실을 어물쩍 넘기려고 하지요. 더 나아가 못할 것 같은 일은 여러 핑계를 들어 도전하지 않으려는 모습도 보입니다. 한번 좌절을 겪고 나면 다시 원위치로 돌아오기 어렵기 때문이죠.

때로는 부모의 과보호가 오히려 아이를 약하게 만들기도 합니다. 과보호를 좁게 해석한다면 급한 마음에 아이가 할 일을 부모가 대신해주는 경우들, 과제를 대신해주거나 발표 내용을 모두 준비해주는 것 같은 상황을 예로 들 수 있을 것입니다. 이렇게 하면 아이가 실패할 확률은 줄어들겠지만 준비 과정을 경험하지 못하게 되고, 결과에 대한 책임을 질 필요가 없어집니다. 과보호를 넓게 해석한다면 실패로 인한 상처를 회복할 시간도 주지 않은 채 급하게 실패를 묻어버리려는 상황까지 포함할 수 있습니다. 아이가 망설이는 사이에 부모가 대신 대답한다거나 아이의 실패를 과소평가하여 "다음에 잘하면 되지" 하고 급히 넘어가는 것이 그런 예입니다. 이런 넓은 의미의 과보호는 일상에서 빈번하게 발생해 아이의 성장에 악영향을 줍니다. 보호하려고 설치한 울타리가 오히려 아이를 가두는 쇠창살이 되어버리는 것이지요.

좌절감을 잘 받아들일 줄 알아야 성취감도 더 잘 느낄 수 있습니다. 아이가 실패를 이겨내고 성취감을 만끽할 수 있게 하려면 어떻게 도와주는 것이 좋을까요?

아이의 기분을
먼저 물어봐주세요

실패에 대한 두려움이 큰 아이들은 앞서서 걱정부터 하는 경우가 많습니다. 그래서 아이는 같은 질문을 반복하며 부모의 대답을 통해 마음을 달래려고 합니다. "내가 잘못하면 어떡하지?" "나쁜 일이 벌어지면 어쩌지?" 같은 질문들 말입니다.

그러면 부모들은 걱정할 일이 아니라고 아이의 마음을 달래며 그 이유를 자세히 설명해줍니다. 하지만 이때 사실적이고 논리적인 이유만을 이야기하면 위로와 격려의 효과가 떨어지게 됩니다. 아이의 두려움은 감정적인 데에서 오는 경우가 많기 때문입니다. 정말 두렵고 피하고 싶은 일들은 어쩐지 일어날 것만 같은 걱정이 들잖아요? 감정에 압도되어 나쁜 일이 일어날 가능성은 희박하다는 이성적인 판단을 하기 어렵기 때문에 그렇습니다. 최악의 상황만을 생각하는 것도 비슷한 이유입니다.

'발표회 때 나 혼자 실수하면 어떡하지?' '그래서 모두 나를 보고 웃으면 어떡하지?' 같은 부정적인 생각에 사로잡힌 아이에게는 "사람들은 너만 쳐다보지 않아" "다른 아이들도 다 실수 해" 같은 위로의 말들이 잘 들리지 않습니다. 말을 듣는 동안은 납득한 듯 보이다가도 '그래도 혹시' 하는 마음에 같은 질문을 계속해서 반복하지요. 처음에는 차분하고 친절하게 설명해주던 부모들도 계속되는 아이의 걱정과 질문에 지쳐버리고 맙니다.

이런 경우에도 먼저 아이의 감정을 읽어주는 것이 중요합니다. "실패할까 봐 겁나는구나?" 하고 직설적으로 말하면 자존심에 상처를 입은 아이가 "아닌데요?"라고 부인하거나 남 탓을 할 수도 있습니다. 감정 읽어주기는 탐정이 범인을 지목하듯이 이루어져서는 안 됩니다.

지금 이 상황에서 어떤 느낌이 들었는지 기분을 먼저 물어보세요. 감정에 압도되어 대답조차 어려워하는 아이라면 "아빠였다면 지금 되게 무서울 것 같아" "다른 친구들도 너처럼 많이 긴장하고 있을 거야"와 같이 다른 사람들이 느끼는 감정을 예로 들어 설명해주세요. 그러면 아이는 자신이 느끼는 감정이 이상한 것이 아니라는 사실을 깨닫게 됩니다. 마음 표현보다 신체 증상을 말하는 데 익숙한 아이라면 가슴이 두근거리지는 않았는지, 배가 아프지는 않았는지 물어볼 수도 있습니다. 이런 대화들을 통해 아이는 자신의 감정을 받아들이고 표현함으로써 생각하는 능력을 다시 회복합니다. 그런 다음에야 아이는 비로소 부모의 말을 들을 준비가 됩니다.

도전하려는 노력을 칭찬해주세요

부모 입장에서는 의아할 수도 있습니다. 평소에 칭찬도 많이 해주고, 잘해야 한다는 압박감을 준 적도 없는데 아이가 실패를 두려워하는 모습이 선뜻 이해되지 않지요. 왜 이렇게 새로운 시도를 꺼릴까, 답답한 마음이 들기도 합니다. 그렇다고 아이에게 실망하는 모습을 애써 감출 필요는 없습니다. 아이가 겪는 실패는 부모에게도 속상한 일이지요. 아무 일 없다는 듯

숨기려 해도 표정이나 말투, 분위기에서 새어 나오는 감정을 아이도 금방 알아챕니다. 그러면 '뭔가 잘못 되었구나' 하는 생각에 더욱 불안해지지요.

잘하고 못하고가 다가 아니라는 걸 아이에게 가르쳐주면 좋겠습니다. 엄마가 기뻐하는 것은 네가 잘해냈다는 그 결과뿐만이 아니라, 새로운 일에 즐겁게 도전하고 노력하는 모습이 보기 좋아서라고 말입니다.

새로운 걸 시키려고 할 때마다 아이가 크게 화를 낸다면, 불안이 아이를 괴롭게 만들고 있지는 않은지 살펴보아야 합니다. 부정적인 감정들은 큰 집에 모여 사는 대가족 같아서, 한 감정이 방문을 열고 나타나면 다른 감정들도 줄줄이 모습을 드러내는 경우가 많습니다. 이 경우는 실패에 대한 불안이 분노를 데리고 나타나는 사태입니다. 불안을 따라온 분노가 아이 자신을 바라보느냐, 바깥세상을 보느냐에 따라서 나타나는 현상은 달라집니다. 분노가 자신의 내면을 향하는 경우 지나치게 자신을 깎아내릴 수 있고, 바깥을 향하는 경우 실패할 수밖에 없는 조건을 만든 어른들, 특히 부모에게 큰 분노를 토해낼 수 있습니다.

이때 아이의 분노가 부모의 분노로 이어지지 않도록 조심해야 합니다. "너 왜 엉뚱한 데다가 화를 내!"라는 말이 튀어나오려고 해도 꾹 눌러야 합니다. 화를 화로 누르면 결국 전쟁이 일어납니다. 한편으로는 "엄마가 속상하게 해서 미안해" 하고 사과하는 것도 경계해야 합니다. 아이의 마음을 달래주려고 하는 말이지만, 이런 일이 반복되면 아이는 좌절감을 받아들이기 힘들 때마다 화낼 대상을 찾게 될 수도 있습니다.

"마음대로 잘 안 돼서 속상했어? 무언가를 잘 못했을 때 속상한 건 다음번에는 더 잘하고 싶어서 드는 감정이야. 엄마는 네가 더 잘하고 싶어 하는 마음이 기특해. 엄마가 너를 기특해한다는 걸 알아줬으면 좋겠어."

이렇게 말해주세요. 준비하는 동안 어떤 마음이 들었는지, 어떻게 노력했는지, 많이 긴장되거나 무서웠는지, 다음번에 또 도전한다면 어떻게 하고 싶은지에 대해서도 이야기를 나눠보세요.

실패와 그로 인한 좌절감은 살아가면서 수없이 겪게 될 감정입니다. 어렸을 때 작은 실패들을 많이 경험하고, 이로 인한 감정을 잘 다뤄본 아이는 앞으로 닥쳐올 더 큰 시련도 무난하게 이겨나갈 수 있습니다.

실패는 아이에게도 어른에게도 참 감당하기 힘든 경험입니다. 뒤이어 따라오는 좌절감이 더 큰 괴로움을 가져다주기 때문이지요. 그렇다고 해서 아이가 실패할 가능성을 차단하는 것은 해답이 될 수 없습니다. 아이가 여러 환경에 적응하며 몸의 면역력을 키워가듯이, 다양한 실패의 경험을 쌓고 이를 받아들이는 과정을 통해서만 마음이 튼튼한 아이로 성장할 수 있다는 사실을 꼭 기억하시기 바랍니다.

부당함에 맞서는 용기와 지혜를 가르쳐줘요

분노

부모라면 한 번쯤은 아이의 폭발적인 분노에 당황한 경험이 있을 것입니다. 마트에서 원하는 것을 사주지 않는다고 그 자리에 누워 울며불며 뒹구는 아이, 뭐가 언짢은지 손에 든 물건을 바닥에 내던지며 화를 내는 아이, 애착 인형을 갑자기 깨물거나 꼬집는 아이. 갑작스럽게 터져 나오는 아이의 분노는 마치 산불이나 눈사태같이 감당하기 어려운 자연재해처럼 느껴지기도 합니다. 어떠한 설득도 통하지 않는 아이의 분노에 시달리다 보면 의도치 않게 더 큰 분노로 아이를 찍어 누르는 일도 발생하지요. 하지만 아이의 화난 마음에 공감해주지 않고 이렇게 더 큰 화로 아이의 감정을 덮어버리면 아이는 화를 표출해서는 안 되는 감정으로 받아들일 수 있습니다. 화를 억눌러야 하는 감정으로 잘못 알고 성장한 아이들은 여러 가지 부작용을 겪게 됩니다.

화를 참았을 때의 부작용 3가지

첫째, 간접적인 방식으로 자신의 화를 표현하기 시작합니다.

간접적인 분노 표현 방식의 예로 수동 공격성이라는 개념이 있지요. 수동 공격성을 보이는 사람들은 화가 났을 때, 내가 화났다는 걸 말로 표현하지 않습니다. 상대의 지시를 느릿느릿 따른다든지, 심드렁하게 대꾸하는 식의 행동으로 상대방으로 하여금 '아, 저 사람 지금 화가 난 거구나' 하고 느끼게 만들지요. 수동 공격성을 보이는 사람은 화난 사실을 인정하지 않는 경우가 많아 결국 문제의 해결이 지연됩니다.

아이도 마찬가지입니다. 누가 봐도 화난 게 맞는데 "나 화난 거 아니거든요?" 하고 주장합니다. 화난 걸 애초에 인정하지 않으니 부모로서는 화해를 권할 수도, 무엇이 잘못되었는지 가르쳐줄 수도 없습니다. 그러다 보면 부모는 마음이 갑갑해지고 화가 끓어오르기 시작합니다. 이런 식으로 아이는 주변 사람들에게 자신의 화를 전염시켜나가게 됩니다.

둘째, 모아두었던 화를 한 번에 터트리기 쉽습니다.

아이는 억울함, 불안감, 속상함 같은 감정을 단지 표현하고 싶었을 수 있습니다. 문제는 화도 자주 내봐야 경험이 쌓이고 요령이 생긴다는 점이지요. 그동안 화를 참기만 한 아이는 화내는 요령도 부족하고 쌓아둔 감정도 커진 상태입니다. 그래서 화를 더 이상 참을 수 없게 되면 마치 장마철 댐이 터지듯 화에 휩쓸리게 됩니다.

"나 엄마를 막 잘라버릴 거야!"

아이가 이렇게 받아주기 어려운 방식으로 화를 낸다면 부모도 크게 화가 나 아이를 혼내게 됩니다. 아이의 마음을 읽어주기가 더욱 어려워지지요. 그러면 아이는 화를 더 참게 되고 참다가 다시 터지는 악순환을 반복하게 됩니다.

셋째, 하고 싶은 말을 속으로 삼키게 됩니다.

'싸우고 화내는 일은 나쁜 일이야'라고 생각하는 아이들은 갈등 상황 자체를 피하게 됩니다.

"너 하고 싶은 대로 해. 어, 네 말이 맞네."

이렇듯 자기 목소리를 내야 할 때도 친구에게 양보하는 버릇이 생길 수 있어요. 화를 참기만 하는 아이는 자신이 어떤 걸 양보하기 힘들어하고 어떤 때 상처를 받는지 알 기회를 갖기 어렵습니다. 친구와 다툴 수밖에 없는 상황이 닥치면 극도의 긴장감을 느끼기도 합니다. 양보만 하던 아이라도 누가 내 동생을 괴롭히거나 우리 엄마를 욕한다면 더 이상 참기 어렵겠지요. 자신이 지켜야 할 소중한 것을 위해서는 화도 낼 수 있어야 하는데 평소에 화를 참거나 피해왔으니 화내기가 마치 밀린 숙제같이 무겁게 느껴집니다.

화는 참거나 피해야 하는 감정이 아닙니다. 필요할 때는 화도 적절히 표현할 수 있는 아이로 키워주세요.

화의 진짜 목적을 알려주세요

화에는 여러 가지 목적이 있습니다. 아이들은 그중 특히 보복의 목적에 빠져들기 쉽습니다. 심지어 부모조차 아이가 친구에게 맞고 오면 "너도 때려주지 그랬어?"라고 말하지요. 하지만 내가 화났으니 상대방도 화나게 만들겠다는 생각으로 감정을 휘두르면 상대방은 물론이고 나 자신까지 다치기 쉽습니다.

상대방을 상처입히는 것이 목적이 되면 적절한 선에서 화해하기보다는 더 독하게 화를 내게 되거든요. 그런 보복 심리는 더 지독한 화를 불러일으키지요. 한편 화난 감정을 휘두른 후에는 자책감이 생길 수도 있습니다. '내가 화를 내서 친구가 아프고 속상했겠다'는 부담감에 마음이 불편해지는 것이지요.

화의 진짜 목적은 나를 지키고, 상대방과 더 잘 지내기 위해 나를 제대로 알리는 데 있습니다. 내가 무엇에 상처받는지 상대방에게 명확히 말할 수 있어야 합니다. 그래야 주변 사람들이 나를 귀하게 여기게 됩니다. 따라서 아이가 속상한 마음을 직접 말하기 머뭇거린다면 이렇게 알려주세요.

"친구가 ○○이를 속상하게 할 때 있잖아? 그럴 때는 친구에게 '나 ○○ 때문에 너한테 화났어!'라고 이야기하면 돼. 그래야 그 친구도 ○○이를 더 잘 알게 되고, 서로 사이좋게 지낼 수 있거든."

화난 이유를 표현하게 해주세요

화는 참 다루기 까다로운 감정입니다. 나조차 내가 왜 화났는지 정확히 알기 어려울 때가 많거든요. 화를 느끼기 시작할 때면 화의 커다란 에너지가 생각할 여유를 앗아가고는 합니다. 그래서 '내가 지금 왜 화가 났지?'라는 질문을 스스로 떠올리기 힘들어집니다. 어른에게도 어려운 일인데 아이는 오죽할까요. 더구나 화가 난 진짜 이유는 마음속에 꼭꼭 숨어 있는 경우가 많아서, 아이가 자신의 마음을 읽어내기는 더욱 어렵습니다.

예를 들어 엄마가 아기들이나 갖고 노는 장난감을 사줘서 화난 아이가 있다고 해보겠습니다. 아이가 말하는 화의 '겉' 이유는 "나는 형아인데, 이런 장난감은 이제 너무 시시해요"일 수 있습니다. 하지만 '속' 이유는 '엄마가 동생만 예뻐해서 동생이랑 같이 놀 장난감만 사주고, 내가 정말 원하는 건 사 주지 않는구나'일 수 있거든요.

아이가 자신이 화난 진짜 이유를 표현할 수 있다면 화는 쉽게 해소됩니다. 아이도 기분이 빨리 풀리고 부모도 아이를 더 쉽게 이해하게 됩니다. 그래서 아이의 격한 감정에 휩쓸리지 말고 아이의 분노에 공감하면서 그 이유를 천천히 알아보는 것이 중요합니다.

"정말 화가 많이 났구나. 어떻게 하다가 이렇게 화가 났을까? 지금 이야기하기 힘들면 이따 이야기해줘도 좋으니까, 어떤 게 ○○이 마음을 속상하게 했는지 엄마한테 알려줘. 그럼 엄마가 ○○이 마음이 풀리도록 같이 열심히 생각해볼게."

다만 "너 지금 ○○ 때문에 화내는 거지?"라며 아이의 마음을 속단해서 정의내리지 않도록 주의해야 합니다. 그러면 아이는 마음을 들킨 듯한 당혹감, 지적받았다는 불쾌감에 자기 마음을 솔직히 인정하기 어려워질 수 있거든요. 더불어 아이의 분노에 공감하다가 오히려 더 과하게 화내지 않도록 조심해야 합니다.

놀이터에서 다투다가 얼굴이 긁혀 온 아이를 보고 엄마가 불같이 화를 내면서 "지금 걔 놀이터에 있니? 엄마가 나가서 혼내줄 거야!"라고 하면 아이는 부모의 분노에 압도되어서 오히려 마음이 불편해질 수 있습니다. 그러면 다음에 화나는 일이 생겨도 그 이유를 말하기 부담스러워지겠지요. 또 엄마가 화내는 방식을 보고 '아, 화가 나면 저렇게 표현해야 되는구나' 하고 오해할 수도 있습니다.

화를 잘 대하는 규칙을 정해주세요

나도 상대방도 크게 상처받지 않고 화를 잠재우려면 화를 잘 대하는 규칙이 필요합니다.

이 규칙은 부모가 먼저 모범을 보여주어야 합니다. 의외로 화난 것을 솔직히 인정하지 못하는 부모들이 많습니다. "엄마 지금 ○○가 약속을 안 지켜서 조금 화가 났어" 하고 화난 마음을 아이에게 보여주세요. 그래야 아이도 그대로 따라할 수 있습니다. 부모가 먼저 솔직히 표현하지 않으면 아이도 화는 숨겨야 하는 것으로 이해해 문제를 해결하기 어려워집니다.

둘째, 화가 난다고 남에게 위해를 가해서는 안 됩니다.

아이의 감정에 공감하는 것은 중요하지만, 아이가 화가 난 채 하는 모든 행동을 다 허용할 필요는 없습니다.

"○○이가 지금 화가 너무너무 많이 났어. 엄마도 그걸 알겠어. 그래서 속상해. 하지만 그래도 동생을 꼬집은 건 잘못된 거야."

이런 식으로 화난 감정은 먼저 충분히 공감하되, 화를 내는 방식이 잘못되었다면 이에 대해서는 교육하는 걸 주저하지 말아야 합니다. 즉 공감과 교육을 분리하는 것이 중요합니다.

셋째, 지금 화난 이유에 대해서만 화내기입니다.

취학 전 아이들은 친구에게 화를 낼 때 그 사람 전체를 공격한다고 생각해 부담을 느끼는 경우가 많습니다. 그래서 화난 감정을 잘 표현하지 못할뿐더러, 어쩌다 화를 내게 돼도 자책감 같은 불편한 마음을 갖게 됩니다.

'지금까지 나와 친하게 잘 지내왔고 나에게 잘해준 친구에게 화를 내도 되는 걸까?'

이때 아이에게 가르쳐야 할 것은, 네가 화가 난 부분은 그 친구의 말과 행동이지 그 친구 전체가 아니라는 것입니다. 화가 났을 때 "너 나빠, 너 못됐어, 넌 친구 아냐" 이런 식으로 상대방 전체를 공격하지 말고, "네가 이런 말을 해서 내가 마음이 상했어. 그래서 화가 많이 났어"와 같이 화가 난 부분만 말할 수 있도록 알려주세요. 아이가 화를 낼 때 느끼는 심적인 부담도 줄고, 친구도 아이의 화를 이해하기가 좀 더 수월해집니다.

화해의 기술을 가르쳐주세요

화해의 기술을 배우지 못한 아이들은 '내가 화내서, 친구랑 더 이상 못 놀게 되면 어떻게 하지?'라는 걱정을 하기 쉽습니다. 또 대충 풀린 척하고는 화를 쌓아두었다가 다음에 같은 일로 또 싸우는 일이 생길 수도 있습니다. 그래서 화를 내더라도 서로 화해하면 이전처럼 잘 지낼 수 있다는 것을 가르쳐주어야 합니다.

　최고의 가르침은 바로 부모가 서로 화해하는 모습을 보여주는 것입니다. 부모의 싸움은 아이에게 특히 강한 인상을 남깁니다. 그런데 아쉽게도 엄마 아빠가 싸우는 모습은 봤는데 화해하는 모습은 못 봤다는 아이들이 많습니다. 사실 화해라는 것은 쉽지 않은 과정입니다. 그래서 아이 앞에서 화해하는 모습을 보여주기가 상당히 부담스러울 수 있지요. 하지만 부모가 화해하는 모습을 통해 아이는 마음의 안정을 얻고, 화해하는 법을 간접적으로 배우며 크게 성장할 수 있습니다. 미안했던 점, 상처주었던 점을 솔직히 이야기하고 고마움을 표현하는 부모를 보면서 아이는 '아, 화해란 이런 거구나' 하고 자연스럽게 깨닫게 됩니다.

　아이가 입학을 앞두고 있다면, 이제 심화학습을 시켜줄 차례입니다. 친구가 화가 났을 때 친구의 입장에서 생각해보는 연습을 하는 것입니다. 친구가 혼자 생각할 시간이 필요한 아이인지, 지금 당장 화해를 해야 마음이 편해지는 아이인지 생각해보도록 해주세요. 나는 당장 화해를 해야 편해지겠는데 친구는 아직 마음이 덜 풀렸다면 기다릴 줄도 알아야 화해가 더 쉬워지니까요.

화를 잘 내는 아이가 되기 위해서는 자기 자신을 잘 이해하고, 잘 다스리고, 믿어주는 과정을 거쳐야 합니다. 화를 잘 내는 방법을 익혀나가는 과정을 통해 아이는 많은 것을 얻게 됩니다. 자신을 남들에게 좀 더 잘 이해시킬 수 있는 표현력, 때때로 닥친 부당한 상황에 부드럽게 맞설 수 있는 용기와 지혜가 바로 그것입니다.

화라는 것은 마치 불과 같습니다. 부주의할 경우 자신과 남을 다치게 하지만 이를 잘만 사용하면 화는 아이를 따듯하게 이끌어주기도 하고, 세상으로부터 지켜주기도 합니다. 그래서 아이에게 가위나 연필을 다루는 요령을 가르치듯이, 필요할 때 필요한 만큼만 화내는 요령을 가르쳐주시면 좋겠습니다.

불안감

위험을 감지하고
피하도록 도와주는 레이더

잠시 아이였던 시절로 돌아가서 다음과 같은 상황에 놓이게
되었다고 생각해보겠습니다.

- 이사를 간 뒤 새로운 어린이집에 처음 가야 할 때
- 유치원에서 준비한 연극 공연 날이 점점 다가올 때
- 엄마가 일 때문에 집을 며칠 비워야 할 때

속이 울렁거리고 두근두근하면서 답답한 느낌. 이때 스멀스
멀 올라오는 감정, 이게 바로 불안감입니다. 아이는 이렇게 낯

설고 부담되는 상황, 엄마와 떨어지는 상황 등에서 불안을 느끼게 됩니다.

저에겐 불안이라는 단어를 생각하면 가장 먼저 떠오르는 기억이 하나 있는데요. 씩씩하게 잘 맞던 예방주사가 어느 날 갑자기 무서워져 주사실에서 소리를 지르고 버둥거렸던 일입니다. 학교에 들어가기 직전의 일이라 사실 기억은 뚜렷하지 않지만, 어머니를 통해 당시 의사 선생님과 간호사 선생님이 저를 누르느라 고생하셨다는 이야기를 들었습니다. 이전까지 "너 참 주사 안 무서워하고 의젓하게 잘 참는구나"라는 이야기를 들어왔기에 '난 주사가 무섭지 않아'라고 생각하고 있었습니다. 그런데 사실은 그게 아니었던 것이죠. 아마 당시의 저는 '불안한 건 부끄러운 거야'라고 여겨서 나도 모르게 불안을 억누르고 있었던 것인지도 모르겠습니다.

불안은 누구에게나 있는 감정으로 삶에서 위험을 감지하고 피할 수 있게 도와주는 레이더와 같은 기능을 합니다. 아이가 불안을 느끼는 걸 부끄러워할 필요도 없고, 아이에게 닥칠 모든 불안 요소를 제거하려 무리할 필요도 없습니다. 다만 아이가 불안에 휩쓸려가지 않고 안정을 유지할 수 있도록, 불안을 억누르기보다 길들이고 다스릴 수 있도록 도와주기만 하면 됩니다.

아이가 불안감을 잘 다루도록 돕기 위한 대처법을 3단계로 나누어 알아보겠습니다.

1단계
아이가 불안에 사로잡히기 전에

아이가 그때그때 감정을 표현할 수 있게끔 도와주세요. 불안은 누적되기 쉬운 성질을 가진 감정입니다. 그래서 아이가 불안의 한계치에 도달하지 않도록, 불안을 미리미리 해소할 수 있도록 도와주는 것이 중요합니다. 한계치를 넘어 불안에 압도되어버린 아이는 과전압이 걸려 마비된 회로처럼 되기 쉽습니다. 이미 불안에 휩쓸려버린 아이에게는 부모의 위로나 안심시키는 말이 잘 흡수되지 않는다는 이야기입니다.

아이가 불안을 느끼고 있다는 신호를 잘 캐치할 수 있어야 합니다. 표정이 어둡게 변한다든지, 말수가 줄어든다든지, 같은 질문을 여러 번 반복한다든지, 유독 예민해진다든지 하는 모습을 보이지 않는지 관찰해보세요. 반대로 평소보다 과하게 활발한 모습을 보이는 것도 불안을 느끼고 있다는 한 가지 신호일 수 있습니다.

불안을 느낄 때의 변화는 아이마다 각자 다를 수 있습니다.

따라서 평상시 아이를 관찰하고 대화를 나누며 아이의 기분을 파악하는 연습이 필요합니다. 아이가 불안을 느끼고 있다고 생각된다면 아이가 불안을 말로 표현할 수 있게끔 먼저 가이드를 제시해주세요. 다른 감정에 비해 불안은 불안도가 높아질수록 말수가 줄어들 수 있습니다. 그래서 아이가 감정을 꺼내놓을 수 있게 마중물 역할을 할 부모의 말이 필요합니다.

"지금 가슴이 두근거리고 불편하니?"

"혹시 그만하고 집에 가고 싶은 걸까?"

"지금 같을 때 막 속이 울렁거리고 힘든 친구들이 있대, 혹시 ○○이도 그래?"

이렇게 부모의 마중을 따라 말로 불안을 표현하는 것만으로도 아이는 마음이 편해지기 시작합니다. 이때 "너 지금 무섭니?" 같이 아이의 감정을 확신하고 단정 짓는 말은 비난이나 모욕으로 느껴질 수 있어 주의해야 합니다.

불안을 느낄 만한 상황에 대해 미리 연습을 해볼 수도 있습니다. 발표나, 자기소개, 체육 수업같이 미리 집에서 연습해볼 수 있는 활동들이 있습니다. 무엇이든 경험이 많아질수록 익숙해지고 덜 불안한 법입니다. 사전에 비슷한 상황을 미리 겪어보도록 도와주면서 연습하기 전의 기분과 후의 기분이 어땠는지에 대해서 이야기를 나누어보세요.

아이가 앞으로 어떤 일을 겪게 될지 미리 설명해주는 것도 좋습니다. 출근하는 엄마와 잠시 이별해야 할 때, 아이를 데리고 병원에 가야 할 때 등은 설명의 역할이 매우 중요합니다. 설명은 아이의 수준에 맞추어 간결할수록 효과가 좋아집니다.

네가 맛있는 걸 먹으려면 엄마가 꼭 회사에 가서 돈을 벌어야 한다는 식으로 설명하기보다는 "엄마가 ○○이를 위해 꼭 나가서 일을 하고 와야 해"라는 식으로 간결하게 상황을 전달해주세요. 뒤이어 아이가 안심할 수 있는 메시지를 반드시 덧붙이는 것도 중요합니다.

"엄마는 꼭 ○○이가 저녁 먹고 나면 돌아올 거야."

또한 아이는 말뿐만 아니라 표정과 행동, 자세에서도 편안함을 느낄 수 있습니다. 부드러운 말과 행동으로 아이가 준비되지 않은 상황에서 힘든 일을 겪지 않도록 도와주세요. 잠깐의 불안을 피하기 위해 거짓말을 하거나 숨기는 것은 좋지 않습니다. 확실치 않은 상황을 호언장담하는 것도요. 자칫 아이들이 부모님을 거짓말쟁이라고 생각할 수 있기 때문입니다. 예를 들어 병원에 갈 때는 "오늘은 병원에서 주사를 맞지 않는 날이야"와 같이 아이에게 미리 상황을 설명한 후에 방문하는 것이 좋습니다. 아이가 덜 불안해하고 의사 선생님의 말에도 더 잘 반응을 해줄 수 있거든요.

불안이 아이를 삼킬 때

이미 불안에 사로잡힌 아이에게 "지금 왜 그러니?"라고 감정이나 이유를 물어보는 건 더 부담스럽게 만드는 일일 수 있습니다. 내가 지금 뭘 느끼는지 왜 그렇게 느끼는지 표현할 여유가 주어지지 않은 상황이기 때문입니다.

"지금 어떻니?"

"괜찮니?"

"왜 그러니?"

이렇게 반복해서 묻기보다는 "힘들어 보인다" 같은 말로 먼저 감정을 읽어주는 것이 좋습니다. 또한 아이를 안정시킬 때는 "엄마가 옆에 있어줄게" "무서워하지 않아도 된단다" "10분 있다 다시 만날 거야"라는 식으로 메시지를 최대한 단순하게 전달하는 것이 좋습니다. 아이는 지금 복잡한 말과 상황을 받아들이기 어려운 상태이기 때문입니다. 그런데 나도 모르게 아이와 같이 초조해지거나, 아이의 모습이 안타까워 의도와 다르게 다그치는 상황이 만들어질 때가 있습니다. 이럴 때일수록 건드리면 숨어버리는 달팽이 더듬이를 대하듯 아이들을 기다려줄 수 있어야 합니다.

이때 부모는 아이가 느끼는 불안을 잘 건네받아 주는 것이 중요합니다. 아이에게 받은 불안의 강도를 순화시켜서, 소화시키기 쉽도록 다듬어 돌려주세요. 불안을 소화시키는 방식은 여러 가지가 있을 수 있습니다.

"○○이가 그렇게 느꼈구나, 정말 무서웠겠다."

이런 공감도 좋고요.

"어쩌면 그런 일이 일어날지도 모른다고 생각했구나. 하지만 그런 일은 없을 거야."

이처럼 최악의 상황을 생각하는 아이의 관점을 바꾸어주는 것도 좋습니다. 이런 주고받기 과정을 통해 아이는 좀 더 쉽게 불안을 다룰 수 있게 됩니다. 단, 부모라면 의연한 태도를 보이는 것이 항상 중요하다고 생각해서 불안한데도 아닌 척 불안한 마음을 숨길 필요는 없습니다.

3단계
불안이 지나가고 난 이후에

아이의 마음 읽기는 아이가 어느 정도 안정된 이후에 시작하는 것이 좋습니다. 아이가 방금 겪은 일에서 느낀 감정이나 생각을 말해주면 다음과 같이 아이의 감정과 앞으로의 대처 방안을 정리해서 말해주세요.

"지금 느꼈던 감정이 불안이라는 거야. 앞으로 또 불안이 찾아오면 꼭 엄마에게 먼저 말해줘. 혼자서 불안하지 않게 ○○이 마음을 잘 들어줄게."

단, 아이는 아직 감정이라는 추상적인 개념을 표현하기 어려울 수 있으니 "가슴이 두근거리거나 답답했어? 배가 아팠어?" 이런 식으로 신체 증상이 어땠는지 물어보는 것도 한 가지 방법일 수 있습니다. 엄마 아빠가 마음을 달래준 뒤에 내 마음이 어떻게 변했는지 이야기해보도록 격려하는 것도 좋은 방법입니다. 불안이라는 것은 지나가는 것이구나, 엄마 아빠가 나를 잊지 않고 도와주는구나, 하는 경험을 좀 더 효과적으로 기억하는 방법이기 때문입니다.

말보다는 행동으로 아이를 안심시켜주세요. "엄마는 매일 이 시간에 너한테 돌아올 거야"라는 말보다는 매일 일정한 시간대에 얼굴을 볼 수 있게 해주는 행동이 더 안정감을 줍니다. 야근, 회식 등 어쩔 수 없는 예외가 있다면 미리 설명해주고, 매일 아이에게 돌아와 인사하는 시간대에 짧은 영상 통화라도 하면서 안심시켜주는 것도 좋습니다.

놀이로 불안을
조절해주세요

놀이가 불안을 다스리는 데 유용하게 활용될 수 있습니다. 아이는 감정을 감당하는 능력도, 말로 표현하는 능력도 아직 발달 중인 상태입니다. 이때 놀이가 말 대신 감정을 표현하고 소화할 수 있도록 돕는 수단이 되어줍니다. 아이는 놀이 시간을 통해 자신이 무력감이나 두려움을 느꼈던 상황을 익숙한 것으로 만들어갑니다. 때로는 아이가 직접적으로 표현하기 힘든 마음속의 소망을 꺼내놓기도 합니다.

치과에 다녀온 아이가 인형을 꺼내놓고 자신이 치과 의사가 되어 치료를 시작하는 것은 입장을 뒤바꾸어 자신의 불안을 다스리기 위한 놀이이며, 무적의 용사가 되어 악당들을 물리치고 마을 사람들의 감사 인사를 받는 것은 아이의 소망이 반영된 놀이입니다. 이런 놀이를 반복하며 아이는 불안이라는 감정을 길들여나갑니다. 그래서 레크리에이션나 교육의 목적이 아닌 치료 수단으로 놀이가 적극 활용되기도 합니다.

치료실이 아닌 집에서도 놀이를 활용할 수 있습니다. 일주일에 한 시간이라도 좋으니, 고정된 시간을 만들어 아이와 놀아주세요. 쉽지 않겠지만, 핸드폰이나 할 일에 대한 생각은 잠시 접어두고 아이의 행동에만 집중하여 반응해주는 것이 첫 번째 요령입니다. 아이에게 놀이 규칙을 가르치는 것이 목적이 아니므로, 아이가 다치거나 물건이 크게 망가지지 않는 한 아이가 하고 싶은 대로 하게 두면서 아이를 지켜봐주세요.

놀아준다고 해서 꼭 부모가 아이와 같은 활동을 할 필요는 없습니다. 어떤 아이는 부모가 관객으로서 지켜봐주기만을 원할 때도 있거든요. 아이와 부모가 놀이 시간에 익숙해지기 시작한다면 놀잇감들이 지금 어떤 마음일지 아이에게 부담 가지지 않을 정도로만 '간간이' 물어봐주세요.

"○○야, 지금 티라노가 폭탄에 맞은 거야?"

"그럼 티라노가 이제 뭐라고 하면 될까?"

아이는 무대를 조율하는 감독처럼 장난감과 부모님에게 각자의 배역을 주고 대사를 지시합니다. 이에 대해 알아나가기 시작한다면 아이의 마음속을 들여다보고 이해하는 데 큰 도움이 됩니다.

불안에 삼켜지지 않고, 불안을 길들이는 법을 익힌 아이들은 커서도 불안을 스스로 헤쳐나가는 힘을 갖게 됩니다. 히어로가 등장하기 전에는 반드시 위기가 있듯이, 문제의 해결이 있기 전에는 반드시 불안 요소가 있기 마련입니다. 아이가 불안이라는 위기를 스스로 해결할 수 있다면 자기 자신의 삶에 히어로가 될 수 있습니다. 즉 삶에서 겪는 여러 위기 상황에서 능동적으로 그 위기를 해결할 수 있게 되고, 이로 인해 자존감까지 높아지는 효과를 누리게 됩니다. 부모 역시 육아라는 끝없는 변수 앞에서 불안을 다스리는 법을 배워나가게 될 텐데요, 가족 모두에게 이런 요령들이 도움이 되었으면 좋겠습니다.

다른 감정에 비해 불안은
불안도가 높아질수록
말수가 줄어들 수 있습니다.

그래서 아이가 감정을
꺼내놓을 수 있게 마중물 역할을 할
부모의 말이 필요합니다.

"지금 가슴이 두근거리고 불편하니?"
"혹시 그만하고 집에 가고 싶은 걸까?"

이렇게 부모의 마중을 따라
말로 불안을 표현하는 것만으로도
아이는 마음이 편해지기 시작합니다.

억울함

내 마음을 깊이
들여다볼 수 있게 해줘요

억울함을 느끼는 아이는 부모의 말을 거부하기 쉽습니다. 억울한 마음이 '내 잘못도 아닌데…' '왜 나만 안 된다고 해?' '잘 알지도 못하면서…'라는 생각으로 이어지기 때문입니다. 일단 아이의 머릿속에 그런 생각들이 떠오르면 부모의 말이 맞는지 틀린지는 더 이상 중요하지 않게 되지요. 오히려 나만 손해를 본다는 느낌, 내가 이유도 없이 굴복해야 한다는 느낌이 아이의 변화를 가로막습니다.

아이들은 어른보다 자주 억울해집니다. 특히 취학 전 아이들은 어른들과 세상을 바라보는 시각이 다릅니다. 아빠와 내가 왜 다른 대우를 받는지 잘 이해하지 못합니다. 아빠만 핸드폰을 할 수 있고 늦게 잘 수 있는 걸 불공평하다고 여깁니다. 느낌이 생각을 온통 지배하고 있어서 객관적인 설명을 받아들일 여유가 없습니다. 자신의 입장에서 느낀 것만이 맞는다고 생각하지요.

내가 바라는 것과 현실의 차이를 배워가는 시기라 발생하는 문제도 있습니다. 내가 잘못한 게 없는데도 원하는 걸 못 얻는 상황에서 아이들은 억울한 마음을 느낍니다. 예를 들어, 밥을 안 남기고 잘 먹으면 동네 분수에서 물놀이를 하기로 했는데 막상 나가 보니 점검 중이라는 안내가 붙어 있습니다. 이때 아이는 울먹거리며 떼쓰고 화를 내지요. '고장 났다니 어쩔 수 없지'라는 생각을 아직 배우지 못했기 때문입니다.

아이의 억울함에 대처하는 방식은 아이의 미래에 큰 영향을 미칩니다. 앞서 말했듯 아이의 시각에서 바라보는 세상은 아직 어른과는 많이 다르기 때문에, 아이가 억울한 마음이 아예 들지 않게 하는 데에는 한계가 있을 수밖에 없습니다. 부모 입장에서는 억울할 만한 상황이 아닌데도 아이는 억울함을 느낄 수 있거든요. 그래서 억울한 감정을 다룰 때에는 예방보다는 대처가 더 중요합니다. 마음속에 억울함이 많이 쌓인 아이는 커서 절대 타협하지 않는 고집 센 사람, 관용을 베풀기 어려운 사람,

세상을 향해 날을 세우고 피해의식에 사로잡힌 사람으로 성장하기 쉽습니다. 마음에 흉터를 가진 채 성장하게 되는 셈이지요.

아이의 억울함이 잘 해소될 수 있도록 다음의 내용들을 신경 써주세요.

아이의 억울한 마음부터 달래주세요

부모의 말이 틀려서 아이가 말을 안 듣는 것이 아닙니다. 부모님의 말을 따르면 나의 억울함이 그냥 묻히고 말 거라는 생각이 아이를 반항하게 만듭니다. 아이는 어른보다 잘못을 이해하고 인정하는 데까지 더 많은 시간이 필요한데요, 그 시간을 줄이는 방법이 바로 아이의 억울한 마음에 공감해주는 것입니다. 억울할 때는 부모님이 훈육을 위해 하는 말들이 전혀 들리지 않거든요.

한 아이가 친구를 꼬집고 할퀴어서 혼나게 된 상황을 예로 들어보겠습니다.

"친구를 왜 때렸니!"

엄마한테 혼나고 있는 아이의 입이 삐죽 튀어나와 있습니다. 사실 이 아이는 상당히 억울한 상황입니다.

"내 카드 만지지 말라고 했는데 친구가 자꾸만 와서 카드를 만졌어. 하필 어제 뽑은 제일 좋은 포켓몬 카드를."

아이는 자기 상황을 이야기해보려 합니다. 그러나 "그런 걸 가지고 친구를 때리면 되겠어?" 하는 엄마의 말에 더 이상 말을 잇지 못하고 입을 닫습니다. 엄마의 말이 아이와의 소통을 가로막는 장애물이 되어버린 것이지요.

'엄마는 내 편을 안 들어주는구나.'

아이에게 이런 생각이 찾아올까 봐 걱정되는 순간입니다. 이럴 때는 "카드가 망가질까 봐 깜짝 놀라고 당황했겠구나"와 같이 아이가 느꼈을 감정에 먼저 공감해주어야 합니다. 그래야 소통을 가로막는 장애물을 치우고 아이와 대화를 이어나갈 수 있습니다. 이런 공감의 말에 아이는 '엄마가 내 기분을 알아주는구나'라고 느끼게 됩니다. 아이의 마음에 충분히 공감해준 후에 "화가 많이 나더라도 때리는 건 잘못된 행동이야. 앞으로 혼자서 해결하기 힘들 때는 엄마한테 도와달라고 하렴"과 같은 훈육의 말을 해준다면 아이도 억울한 마음을 풀고 엄마의 말에 귀를 기울일 수 있게 됩니다.

억울해하는 이유를 들어주세요

우리는 흔히 아이에게 결과 만큼이나 과정도 중요하다고 말합니다. 그런데 정작 아이의 행동을 훈육할 때는 그 배경이 되는 상황이나, 아이의 의도를 잘 듣지 않는 경우가 많습니다. 비록 결과는 좋지 않았더라도 아이가 어떠한 의도를 가지고 행동한 건지, 아이의 예상대로 되지 않은 부분이나, 아이가 미처 생각하지 못한 부분은 무엇인지를 차분히 들어주세요. 이를 통해 아이의 행동을 좀 더 세세하게 바로잡아줄 수 있고, 아이의 반항심도 수그러듭니다.

아이가 거실 바닥을 도화지 삼아 신나게 그림을 그리다가 장을 보고 온 엄마에게 딱 걸린 상황을 예로 들어보겠습니다. 아이는 상황을 설명하고 싶어 하는데, 화가 난 엄마가 아이의 말을 딱 끊고 거실을 정리하기 시작합니다. 그러면 아이의 마음에는 '내가 지금 뭘 잘못했나' 하는 생각에 억울한 감정이 먼저 떠오르기 쉽습니다. 사실 아이는 전날 어린이집에서 다녀온 체험학습 현장에서 본 장면을 크게 그려서 엄마를 즐겁게 해주고 싶었거든요.

또 다른 상황을 예로 들어볼까요? 모처럼 일찍 퇴근한 아빠는 혼자만의 시간을 가지고 싶었습니다. 그런데 거실에서 그릇 깨지는 소리와 함께 아이의 울음이 들려옵니다. 예상치 못한 상황에 자신도 모르게 아이에게 언성을 높이며, 깨진 그릇에 다칠 수 있으니 거실로 가 있으라고 했지요. 이 아이의 마음에도 억울함이 싹텄습니다. 사실 피곤한 아빠를 귀찮게 하기 싫어서 스스로 간식을 찾아 먹으려다가 그릇을 깨트린 상황이거든요.

비록 행동의 결과를 예상하지 못하고 서투른 실수를 저지르기는 했지만, 이때 아이들의 말을 충분히 들어보지 않고 혼부터 내게 되면 아이들의 좋은 의도도 알 기회를 놓치게 됩니다. 아이들의 이야기를 먼저 들어준다면 "엄마를 즐겁게 해주고 싶었구나. 정말 고마워. 그런데 바닥에 그림을 그리면 엄마가 치우기가 힘들거든. 다음에는 스케치북에 그려주면 너무 좋겠어"라든지, "아빠를 쉬게 해주려고 그랬구나. 기특하다. 그런데 그러다가 네가 다치면 아빠가 너무 속상할 거 같아. 다음부터는 위험한 일은 아빠한테 말해줘"라는 식으로 아이에게 더 자세한 가르침을 줄 수 있게 됩니다.

억울한 마음을 풀어주는 대화법

억울한 감정에 사로잡힌 아이들은 자신을 향한 어른의 지시를 일종의 처벌이라고 느끼는 경우가 많습니다. '내가 잘못한 것도 없는데, 왜 벌을 받아야 해?'라고 생각하면 더더욱 반항심이 커지겠지요. 그래서 더욱 말을 안 듣게 됩니다. 부모는 문제를 해결하고, 아이가 같은 잘못을 안 했으면 하는 마음에서 훈육을 합니다. 그런데 아이가 협조를 안 하기 시작하면 거기서부터 새로운 다툼이 발생하게 되지요. 애초에 목표로 삼았던 아이의 행동 변화와는 점점 멀어지고 맙니다. 때문에 부모가 어떻게 말하는가가 아이의 행동 변화에 매우 중요한 영향을 미칩니다.

'엄마 아빠 말을 따랐더니 속상한 마음이 뿌듯한 마음으로 바뀌었네?'라는 생각이 드는 대화 방식을 연습할 필요가 있습니다. 억울함을 자극하는, 처벌의 의미가 담긴 말보다는 아이의 공감을 이끌어내는 말이 좋습니다. "이제 또 이러면 혼나"보다는 "다음번에는 속상한 일이 안 생기게 같이 이렇게 해보자" "속상할 텐데 엄마 아빠 마음을 알아주는 모습을 보여줘서 너무 기쁘네" 같은 말에 아이는 마음을 엽니다.

이런 식으로 부모가 억울한 마음을 잘 들어주고 이를 통해 불만을 해소하는 과정을 여러 차례 경험한 아이는 마음의 여유가 넘치는 어른으로 성장합니다. 또한 자신이 무엇 때문에 억울했는지를 열의를 다해 설명하는 과정에서 스스로가 어떤 사람인지 좀 더 잘 깨달을 수 있습니다. 설사 자신의 마음에 안 드는 일이 일어났다고 하더라도, 그 일이 일어난 배경, 상대방의 의도까지 헤아려 지혜롭게 대처해나갈 수 있습니다.

사실 억울한 감정은 분노를 유발하기 때문에 아이의 성장에 일종의 위기가 닥친 거라고 생각할 수 있습니다. 이해와 공감, 그리고 아이의 입장을 배려한 말을 통해 이 위기를 아이의 미래를 위한 기회로 만들어나가면 좋겠습니다.

사랑하는 대상을 기억하고 아끼는 방식을 배워요

무엇인가를 영영 잃어버린다는 것은 아이가 특히 견디기 힘든 감정입니다. 그런데 사실 아이들은 어른들만큼이나 자주 이별을 겪습니다. 주말 동안 즐겁게 놀아주던 아빠를 회사에 보내야 할 때, 이제는 작아져서 더 이상 못 입는 옷들을 버리거나 물려줘야 할 때, 이사 가는 친구와 헤어질 때, 가족과도 같았던 반려동물이 무지개다리를 건넜을 때와 같이 사람, 물건, 동물 등 이별의 대상도 다양합니다.

취학 전 아이들은 이별을 받아들이는 방식이 어른들과는 조금 다릅니다. 출근한 아빠를 당장 다시 볼 수 있게 해달라고 화를 냅니다. 친구가 얼마 뒤면 이사 간다고 말해줘도 전혀 모르는 듯이 행동합니다. 아이의 동의를 얻어 사촌 동생에게 물려주려고 꺼내놓은 작아진 옷들을 스윽 다시 자기 방에 숨깁니다. 어쩔 수 없이 헤어져야 하는 상황이 있다는 것, 엄마 아빠도 고칠 수 없는 물건이 있다는 것, 그리고 무엇보다 사랑하는 대상을 다시는 못 본다는 개념 자체를 아직 잘 이해하지 못하기 때문입니다. 그래서 아이는 상실감을 제대로 표현하거나 받아들이기 어렵습니다. 아이가 이런 감정을 잘 견디어나갈 수 있도록 이별을 미리 준비하는 방법을 알려주세요.

먼저
안심시켜주세요

아이는 상실감을 느낄 때 누군가에게 버려지거나, 잊힐지도 모른다는 불안감이 자극될 수 있습니다. 반대로 내가 어떤 대상을 버리면 그것을 배신하는 것은 아닐까 하는 죄책감과 두려움을 느끼기도 합니다. 이런 힘든 감정은 사람 사이에서의 이별뿐만 아니라 아이가 아끼던 물건과 헤어지는 상황에서도 발생할 수 있습니다. 아이의 괴로움을 덜어주고 안심시켜주기 위해서는 아이에게 이별이란 것은 누군가가 어떤 대상을 버리고 떠나는 일이 아니라는 것을 알려주어야 합니다.

낡은 장난감을 버려야 할 때는 "이제 장난감을 편히 쉬게 해주자. 같이 잘 놀아줘서 고맙다고 인사할까?"라고 말해보세요. 옷을 물려줘야 할 때는 "동생에게도 멋진 모습을 나눠주자"라고 이야기해보세요. 혹시 부모님과 이별할까 봐 겁이 나는 아이들에게는 "엄마는 너를 떠나지 않아" "아빠는 너를 절대 잊지 않아"라는 메시지를 전해주세요. 이를 통해 아이는 위안을 얻고, 상실감을 받아들이려 마음을 다잡게 됩니다.

마음의 준비를 할 시간을 주세요

충분한 시간을 주는 것이 중요합니다. 어쩔 수 없는 경우만 아니라면, 아이에게 2~3개월 전부터 상황을 설명해주기 시작합니다. 이별하게 되는 이유와 이별 이후에 우리가 할 수 있는 일, 다시 만날 수 있는 가능성에 대해 이야기해주는 것이 좋습니다. 이를 통해 아이는 상실감이라는 감정을 충분히 소화하고 이해할 만한 여유를 갖게 됩니다.

아이와 친하게 지내던 친구가 이사를 가야 할 때는 "○○이가 미국으로 가야 한대. ○○이 아빠가 거기서 일을 하셔야 해서,

가족들이 헤어질 수 없어서 다 같이 이사를 간대. 하지만 주말
에는 영상 통화도 할 수 있어. 방학하면 한국에 놀러 올 수 있
는지 한번 물어보자"라는 식으로 미리 설명해주세요.

단순하고 솔직한 표현으로 설명해주세요

비유적인 표현을 주의해야 합니다. 특히 죽음을 설명할 때
"하늘나라에 갔어" "깊은 잠에 빠졌어" 같은 표현을 아이가 오
해하지 않았는지 세심히 살펴봐주세요. 아이들은 아직 상징이
나 비유를 이해하기 어렵기 때문에 혼란스러울 수 있거든요.
그래서 "하늘나라로 만나러 가려면 어떻게 해야 해?"라는 슬
프고도 난감한 질문을 하거나, 잠드는 것을 무서워하게 될 수
도 있습니다.

반대로 아이도 알건 알아야 한다는 생각에 지나치게 직설적
으로 설명하는 것도 주의해야 합니다. 엄마와 아빠 사이의 일
관성, 즉 의견 일치가 중요한 부분이라고 볼 수 있습니다.

"(반려동물인) ○○이가 죽게 되었어. 슬프지만 ○○이는 이제
더 이상 우리와 함께할 수 없게 되었어."

단순하지만 솔직한 표현으로 아이에게 죽음과 이별을 설명

한다면, 아이가 좀 더 현실을 빠르게 받아들일 수 있습니다.

부모님이 나의 아픔에 공감하고 있음을 느끼게 해주세요

아이의 서툰 표현에 숨어 있는 마음을 읽어낼 때까지 충분히 인내심을 갖고 받아주세요. 아이들은 어른보다 좀 더 오래, 좀 더 자주 상실감으로 인한 슬픔을 표현하는 경우가 많습니다. 도저히 상황을 받아들일 수가 없을 때에는 다소 격하게 화를 내고, 부모님께 원망의 말을 쏟아내기도 합니다.

때로는 이별이 없었던 일인 것처럼 평소와 다를 바 없이 생활하며, 이별 사실을 언급하는 것을 피하기도 합니다. 이때 "어쩌면 ○○이가 지금 마음이 많이 힘든 건지도 모르겠다" 하고 아이의 마음을 읽어주려 노력해보세요. 부모님이 내가 겉으로 보이는 행동보다 내 마음 깊숙한 곳의 감정을 이해하려고 노력해준다는 것만으로 아이는 큰 위로를 받게 됩니다.

가족 간에 서로의 감정을 나누어보세요

　상실감으로 힘든 감정을 아이 앞에서 숨길 필요는 없습니다. 오히려 가족 간에 서로 감정을 나누고 들어주는 것이 모두에게 도움이 됩니다. 상실감에는 외로움이라는 감정이 따라오는 경우가 많습니다. 이때 부모의 진심 어린 감정 표현을 듣는다면 아이는 이 아픔이 혼자만의 것이 아니라는 생각을 갖고 슬픔을 이겨낼 힘을 얻습니다.

　상실감은 서로 나누고 익숙해져 가야 하는 감정입니다. 아이가 상실감을 다루는 방법을 잘 모르고 성장하게 된다면 상실을 겪을 때마다 지나치게 우울해하거나 화를 내게 될 수 있습니다. 헤어지는 상황을 지나치게 두려워해서 다른 사람들에게 너무 맞춰주려고만 하는 모습을 보일 수도 있습니다. 또 상실감을 줄이기 위해 새로운 물건이나 사람에 정을 붙이기 어려워하게 되기도 합니다.

　따라서 상실감을 달래나가는 과정 중에 다음과 같은 상황들이 일어나는 것은 주의해야 하겠습니다.

첫째, 애써 말하지 않거나 쉬쉬하지 마세요.

아이를 제외한 나머지 가족이 아이가 겪은 이별에 대해 애써 말을 안 하고, 마치 잊힌 존재처럼 쉬쉬 하는 경우가 있습니다. 그러면 아이는 내가 사라지면 더 이상 관심과 애정을 받지 못하게 될 것이라는 두려움에 휩싸이기 쉽습니다.

둘째, '상실'의 자리를 급하게 대체하지 마세요.

키우던 강아지가 죽어 우울해하는 아이에게 금방 새 강아지를 데려다주면 이전까지 아끼고 사랑하던 내 소중한 친구에게 미안한 감정, 즉 죄책감을 가질 수 있습니다. 새로 찾아온 친구가 사랑스러울수록 그런 마음이 오히려 커지기도 합니다.

셋째, 거짓말로 둘러대지 마세요.

아이들은 소중한 물건에 관련된 이야기를 무척 오랫동안 기억에 담아둡니다. 아이가 아끼던 인형을 잃어버리거나 낡아서 버리고는 고치려고 인형 가게에 보냈다고 거짓말하는 경우를 떠올려보세요. 거짓말은 거짓말을 부르게 되고, 머지않아 아이는 부모님의 말이 사실이 아니란 것을 알아채게 됩니다. 이때 하염없이 기다리던 아이의 마음은 상처를 받고, 부모와의 신뢰 관계도 흔들릴 수 있습니다.

넷째, 아이의 상실감을 질책하지 마세요.

"이젠 그만할 때도 되지 않았니" "너만큼이나 우리도 힘들다" "네가 이렇게 힘들어하면 우리도 힘들어진다"라는 말을 주의해야 합니다. 아이가 이별로 인한 슬픔을 표현하는 것이 잘못된 일이거나, 남들을 힘들게 만드는 일이라는 인식을 가질 수 있기 때문입니다.

상실감은 애정의 소중함을 느끼게 해줍니다. 상실감을 받아들이는 경험을 통해 아이는 내가 누군가를, 무엇인가를 얼마나 아끼고 사랑했는지 좀 더 명확히 알게 됩니다. 그리고 부모님과 함께 떠나 보낸 대상에게 고마움을 표시하거나, 하고 싶었던 이야기들을 나누는 과정을 통해 아이는 자신이 사랑하는 대상을 기억하고 아끼는 방식을 배워가게 됩니다. 함께하는 동안 서로 충분히 사랑을 주고받는다면, 비록 언젠가는 헤어지더라도 서로의 마음속에 지워지지 않고 오래오래 남는다는 사실을 아이가 깨달을 수 있도록 도와주세요.

3장

성장의 발판이 되어주는
감정들

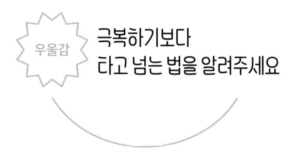

극복하기보다
타고 넘는 법을 알려주세요

우울감

우울한 마음은 아이의 성장을 방해합니다. 마음속에 우울이 찾아온 아이들은 자기를 자꾸만 못난 아이라고 여깁니다. 자기가 잘못했던 일, 앞으로 혹시 일어날지 모르는 실수들에 대해 반복해서 생각합니다. 그래서 우울감은 아이가 다른 사람들의 시선이나, 자신에게 다가오는 미래를 두려워하게 만듭니다.

우울은 이런 식으로 아이의 성장에 꼭 필요한 감정인 희망을 집어삼킵니다. 좋지 않은 일이 생길 것만 같은 느낌이 자꾸만 들어서, 미래에 대한 기대감을 갖고 앞으로 나아가는 힘을 잃게 되지요.

우울이 나타나면 불안이나, 분노, 후회 등의 다른 감정들이 같이 모습을 드러내기 시작합니다. 또한 우울이 마음의 체력을 떨어트려 같은 상황도 더 힘들다고 느끼게 만들기도 합니다. 그래서 우울한 마음을 오래 놔두면 다른 긍정적인 감정이 흡수되기 어렵습니다. 부모가 따뜻한 마음으로 건네는 칭찬도 '엄마니까, 아빠니까 나를 편하게 해주려고 하는 말이야'라고 생각하게 되지요. 심지어 부모의 위로를 부담스러워하는 현상마저 일어나게 됩니다. 이런 일이 발생하지 않도록 아이의 우울을 빨리 알아차리는 것이 중요합니다.

아이가 우울할 때 보이는 간접 신호들

아이의 우울과 어른의 우울은 그 모습이 사뭇 다릅니다. 일단 아이들은 자신의 기분을 읽는 능력이 서툽니다. 내가 지금 무엇을 느끼고 있는지, 왜 이런 감정이 찾아왔는지 잘 모르고 있을 때가 많지요. 그리고 자신의 감정을 말로 조곤조곤 옮기는 능력은 더욱 서툴러서, 표현을 아예 안 하려고 한다든지, 엉뚱한 이유를 들어서 감정을 회피한다든지, 다른 감정으로 자신을 나타내려고 합니다. 그래서 아이의 입에선 "나 속상해요. 슬퍼요"라는 말 대신 "몰라!" "아니야!" "엄마가 잘못했잖아!" "화 났어, 때릴 거야!" 같은 말들이 튀어나오는 것입니다.

아이의 우울은 행동이나 신체 증상으로 나타나는 경우도 있습니다. 예민한 모습, 짜증과 분노 폭발, 두통·복통 같은 통증 호소, 식욕 저하 등이 아이가 우울할 때 보이는 간접적인 신호들입니다. 더불어 숙제하는 일, 학원, 유치원에 가는 일 등 이전까지 잘하던 일을 안 하려고 하거나 부모에 대한 집착이 늘기도 합니다.

어른과는 다른 간접적인 표현 방식 때문에 아이의 우울은 다른 감정에 비해 마음속에 묻혀 있기 쉽습니다. 서울시 소아청소년 정신보건센터에서 소아 청소년의 우울증 진단이 얼마나 흔한지 조사한 적이 있습니다. 그 결과에 따르면 부모를 통해 진단한 아동 청소년기의 우울증은 0.86퍼센트, 아동 청소년이 스스로 보고한 우울증은 7.37퍼센트입니다. 10배 가까운 수치의 차이가 아이의 우울감을 읽는 것이 얼마나 어려운 일인지 말해주고 있습니다.

아이의 우울함을 잘 달래고자 한다면 먼저 아이의 말을 잘 들어주어야 합니다. 그래야 아이는 자신의 마음을 편하게 꺼내놓을 수 있습니다. 편하게 자신의 마음을 꺼내놓다 보면, 내 마음속에 어떠한 감정들이 들어 있었나 스스로 깨닫게 됩니다. 또한 쌓여 있던 감정이 밖으로 발산되고 누군가 그것을 공감해준다는 것 자체가 아이에게는 큰 위로로 다가옵니다. '엄마는 나한테 관심이 없어' '어차피 안 될 거야'라는 식으로 자기도 모르게 가지고 있던 비관적인 생각이나 오해가 자연스럽게 풀릴 기회가 늘어나는 것이지요.

다음은 진료실에서 아이들의 우울을 진단하는 도구 중 집에서 간단히 체크해볼 항목들을 정리한 것입니다. 이중 우리 아

아이의 우울감 체크리스트 〉〉〉

No.	아이의 마음 상태	확인
1	이전보다 우는 일이 잦습니다.	☐
2	짜증을 내거나 화를 내는 일이 자주 일어납니다.	☐
3	평소 사용하는 표현이 또래보다 거칠고 과격합니다.	☐
4	부모의 질문에 대답하는 것을 귀찮아하거나 말수가 줄어듭니다.	☐
5	이전보다 낯가림이 늘어납니다.	☐
6	잘 가던 어린이집이나 학원 등을 가기 싫어합니다.	☐
7	이전까지 재밌어하던 놀이를 시시해합니다.	☐
8	몸 여기저기가 아프고 불편하다고 하는 경우가 많습니다.	☐
9	식사량이 줄거나, 혹은 배부른데도 계속 먹으려 합니다.	☐
10	잠을 잘 못 이루거나, 누워 있는 시간이 늘어납니다.	☐

이의 현재 모습에 해당되는 것들을 표시해보세요. 만약 해당되는 항목의 수가 최근 점점 늘고 있다면 아이의 마음 상태를 점검해보는 게 좋습니다.

아이의 말을 잘 들어주는 3가지 방법

첫째, 판사의 마음보다는 방청객의 마음이 되어 아이를 마주하세요.

아이의 말을 들을 때, 자신도 모르게 "그건 네가 잘못한 거야" "그건 우울할 일이 아니야"라고 먼저 판단부터 해버리지 않도록 조심해야 합니다. 우울감은 다른 사람을 납득시켜야 하는 이론이나 주장이 아닙니다. 지금의 대화가 아이를 가르치고 훈육하기 위함인지, 아이를 이해하고 공감하기 위함인지 생각하면서 들어주어야 합니다. 아이의 말을 잘 듣기 위해서라면, 선고를 내리는 판사의 마음보다는 추임새와 리액션에 힘쓰는 방청객의 마음이 더 도움이 될 것입니다.

둘째, 아이의 말에 감정적으로 동요하지 않도록 주의해주세요.

아이가 자신의 감정을 마음속 깊은 곳에 가라앉히는 데에는 여러 이유가 있습니다. 그중 하나는 '내가 힘든 이야기를 하면 엄마 아빠까지 속상해지는구나'라고 느낄 때입니다. 아이가 자신의 감정을 솔직히 이야기한다면 "네 마음을 좀 더 알게 되어 좋았어. 고마워"라는 말을 꼭 남겨주세요. 아이 앞에서 무조건 의연한 모습만 보이라는 것은 아닙니다. 다만 아이가 자신의 감정을 충분히 표현해도 엄마나 아빠가 심리적으로 동요하지 않고 원위치로 금방 돌아온다는 것을 느끼도록 해주어야 한다는 것입니다.

"네가 힘들다고 해서 엄마도 처음에는 얼마나 마음 아프고 걱정됐는지 몰라. 하지만 다른 친구들도 그럴 때가 있고, 시간이 지나면 나아진대. 그리고 그사이에 우리가 같이 그 문제를 해결할 방법도 찾았잖아? 그래서 이제 엄마는 마음이 한결 편해졌어."

이런 식으로 시간이 지나면 불편했던 마음이 좋아지고, 다른 친구들도 비슷한 일을 겪으면서 큰다는 사실을 알려주세요.

셋째, 구체적으로 질문하는 습관을 가져보세요.

"기분 좋지?"

"괜찮지?"

"무슨 일 없지?"

상대의 기대에 자기도 모르게 부응하고자 하는 아이들은 이런 질문에 반사적으로 "네!"라고 대답합니다. 그러니 "네!"라고 대답했다고 해서 그 아이가 힘들지 않다고 안심할 수는 없겠지요. 모호한 질문들보다는 구체적인 질문을 건네는 것이 좋습니다.

속상하고 울고 싶은 일은 무엇이 있었나, 짜증이 나거나 위기의 순간이 찾아오지는 않았나 구체적으로 질문해주세요. 슬픔이나 불만족을 표현하는 아이만의 단어를 잘 발견해내는 것이 대화의 요령입니다. 별로다, 맘에 안 든다, 짜증 난다, 이상하다 등 아이가 기분이 안 좋을 때 주로 쓰는 언어를 한번 떠올려보세요. 더불어 아이의 신체 증상이나, 의욕, 에너지 등을 물어보는 것도 한 방법입니다.

"배 아프지는 않고?"

"오늘 유독 졸려 보이네?"

"별로 하고 싶지 않아졌어?"

이런 질문들은 아직 감정을 스스로 잘 인식하기 어려운 아이를 키우는 부모가 아이의 마음을 추측하는 데 도움이 될 수 있습니다.

우울감은 큰 파도와 같습니다. 그래서 이를 극복하기보다는 타고 넘는 요령을 가르쳐주어야 합니다. 우울감을 극복의 대상, 벗어나야만 할 일이라 생각하면, 아이가 우울감을 표현하기는 더 어려워집니다. 우울이 찾아올 때마다 아이는 극복에 실패한 죄인이 되어버립니다.

반면 우울한 감정을 잘 표현하고 달랠 수 있는 아이는 커서도 위기를 좀 더 수월하게 넘기고 자신이 있어야 할 위치로 쉽게 돌아올 수 있습니다. 만성피로와 수면 부족이 아이의 키 성장을 방해하듯이, 우울한 감정과 희망의 부족이 아이의 마음 성장을 가로막습니다. 아이의 마음이 무럭무럭 자라날 수 있도록, 아이의 말에 귀 기울이는 어른이 더욱 많아지면 좋겠습니다.

아이의 문제해결력을 키우는 열쇠

혼은 적당히 내는 것이 중요합니다. 사실 '적당히'라는 단어는 양육과는 잘 어울리지 않을지도 모릅니다. 소중한 아이를 대충 키우고 싶은 부모는 없을 테니까요. 하지만 훈육에 있어서는 이야기가 달라집니다. 지나친 감정의 표현, 소위 끝까지 가는 것을 조심해야 할 때가 바로 아이를 혼낼 때거든요. 잘못을 가르쳐주려는 것은 좋지만, 아이가 이를 이해하는 데에는 어른보다 오랜 시간이 걸립니다. 아이의 행동이 바뀌는 데에는 또 더 긴 시간과 노력이 필요하고요.

부모의 불안이나 분노가 섞여서 훈육이 과해진다면, 혹은 아이를 단기간에 다스리려고 한다면, 자칫 여러 부작용이 생길 수 있습니다. 그중 하나가 바로 죄책감, 자책에 쉽게 사로잡히는 아이가 되는 것입니다.

적당히 혼내는 것이 왜 중요할까요?

만약 아이의 마음속 부모의 이미지가 맨날 혼내는 사람, 한 번 혼낼 때 너무 무섭게 몰아붙이는 사람이라면 어떨까요? 부모의 성난 목소리, 매서운 눈초리, 집요한 말투가 아이의 마음에 새겨져 혼나는 상황이 아닐 때조차 지적받고 있는 느낌을 받게 됩니다. 그 결과 자신의 말과 행동이 마음에 안 들 때마다 스스로를 혼내는 데 익숙한 아이가 되어갑니다. 부모의 가치관이나 혼내는 방식을 물려받아 자신을 바라보는 도구로 사용하는 것이지요.

자책감에 자주 사로잡히는 아이는 '나는 못된 아이야' '내가 잘못했으니 무슨 벌을 받아도 할 말이 없어' 같은 방향으로 생각이 잘 흘러갑니다. 자기를 사랑하는 방법을 배우기 어렵지요. 다른 사람들과의 관계에서 자신을 제대로 보호하기도 힘들어집니다. 자신에게 상처주는 사람의 말에 반박하지 못하고, 무리해서라도 남의 기대에 맞추려 하게 되거든요. 쉽게 죄책감에 빠져들고, 이로 인한 괴로움도 크게 느끼기 때문에, 아예 죄책감을 느낄 만한 상황을 만들지 않는 쪽을 선택할 수밖에 없습니다.

결과에 일희일비하기도 쉬워지고, 무언가 시도했을 때 실패할 상황부터 미리 걱정하기도 합니다. 비난을 통해 받은 상처가 워낙 크다 보니, 비난받을 상황부터 떠올리고 두려워하게 되는 거죠. 실패에만 너무 몰입한 나머지 미래에 대한 낙관적인 사고, 스스로에 대한 응원을 하기 어렵습니다. 이는 너무 잘하려다가 무리해서 중간에 지치는 상황으로 이어집니다. 또다시 비난받을까 봐 걱정되어 수동적인 위치에서만 머물러 있기도 하고요.

잘못의 무게를 늘리지 마세요

먼저, 마음속에 저울이 하나 있다고 생각해보세요. 한쪽 접시에는 아이의 잘못이 올라가고 다른 쪽 접시에는 아이에게 내릴 벌이나, 가르침이 올라갑니다. 이 저울은 항상 균형이 잘 맞아야 합니다. 따라서 항상 아이의 잘못의 무게를 지나치게 늘리지 않았는지 생각해보는 것이 필요합니다.

과거에 잘못했던 일까지 모두 소환하는 말, 앞으로도 그럴 거라고 단정 짓는 말, 다른 사람에게 끼친 피해를 과장해서 전하는 말 등이 잘못의 무게를 늘리는 말들입니다. 특히 부모가 "아이고, 너 때문에 내가 살 수가 없어"라는 식으로 아이에게 받은 상처나, 억울함, 분노 등을 지나치게, 또는 반복해서 표현하는 것은 아이에게 매우 큰 자책으로 다가올 수 있습니다.

한편으로는 아이에게 내리는 벌의 무게가 지나치게 무겁지는 않은지 생각해보아야 합니다. 좋아하는 것을 모조리 빼앗는다든지, 다른 사람들 앞에서 망신을 주거나 무시를 한다든지, 여러 사람이 돌아가면서 혼내는 상황이 발생하지 않도록 주의해야 합니다.

아이와 한 팀이 되어야 합니다

아이의 잘못을 지적할 때 "넌 정말 못됐어!" "넌 날 실망시켰단다" "형님으로서 빵점이야" 같은 말을 주의해야 하는 이유는 뭘까요? 정답은 '아이의 됨됨이 전체를 지적의 대상으로 삼는 것'입니다. 이렇게 하면 아이는 '엄마 아빠가 나라는 아이 전체를 나쁘다고 여기는구나' 하고 오해하고 맙니다. 부모가 아이를 혼내는 이유는 아이가 자신의 잘못을 스스로 깨닫게 하기 위함입니다. 그런데 잘못된 훈육 방식으로 인해 아이는 부모의 가르침을 비난으로 받아들이게 되는 거죠. 급기야 자신의 문제를 내 안에 있는 본성처럼 느껴 스스로 더욱 자책하게 됩니다. 부모와의 관계가 위축되거나 멀어질 수밖에 없겠지요.

"화날 때 ○○이는 평소랑 많이 달라지지? 장난감을 던질 때도 있고, 소리를 지를 때도 있고. 그런 행동은 ○○이도 엄마도 힘들게 만드니까, 고칠 수 있게 우리 같이 작전을 세워보자."

위의 말이 처음의 지적들과 다른 점은 무엇일까요? 아이의 잘못을 구체적으로 짚어주면서 아이가 자신의 잘못을 마주볼 수 있게 하고 있습니다. 이런 식으로 아이의 잘못만 끄집어내서 아이가 부모와 함께 해결해나갈 수 있게 해보세요. 이로써 아이에게는 2가지 중요한 메시지가 전달됩니다.

- 내가 고쳐야 할 것은 나의 일부이지 내 전체가 아니다.
- 가족은 힘든 일이 생기면 마음을 합쳐서 함께 해결해나갈 수 있다.

그 결과 아이는 이후 같은 일을 겪더라도 '난 도대체 왜 이럴까?' 같은 지나친 자책을 할 가능성이 훨씬 낮아집니다.

잘못을 만회할 기회를 적극적으로 주세요

자책감을 예방하고, 잘 회복하기 위해서는 아이의 능동성이 중요합니다. 혼날 때마다 아이의 입에서 반사적으로 "잘못했어요!"라는 말이 튀어나오고 마무리되는 훈육은 아이를 더욱 위축시키고 수동적으로 만들 수 있어요. 아이가 깜짝 놀라 당황한 나머지 앞으로는 어떻게 해야 할지 생각할 여유가 없어지거든요.

훈육을 마무리할 때는 아이 스스로 '다음에는 이렇게 할게요'라는 구체적인 대안을 말해보게 하고, 이를 부모가 같이 다듬어나가는 것이 좋습니다. 스스로 대책을 생각해보는 과정에서 부모의 벌이 나를 괴롭히려는 것이 아니라 잘못된 언행을 바르게 잡아주기 위한 것임을 느끼게 됩니다. 또한 나를 부모님 뜻대로 통제하기 위해서가 아니라 바르게 성장할 기회를 주기 위해서라는 것도 깨닫게 되지요.

양육 기법 중 하나로 타임아웃이라는 것이 있습니다. 아이가 부적절한 행동을 했을 때 현재 상황으로부터 분리해 다른 공간에 잠시 머물도록 하는 것입니다. 몇 분간 방에 들어가 있기, 생각하는 의자에 앉아 있기, 벽 보고 서 있기 등이 타임아웃 기법의 일반적인 사례인데요, 훈육에 아이를 능동적으로 참여시키기 위해 이 방법을 활용해보면 좋습니다. 이때 주의할 것은 타임아웃의 목적이 아이를 망신 주거나 혼자 있다는 불안을 자극하는 것, 즉 처벌이 아니라는 것입니다.

타임아웃의 제일 중요한 목적은 아이에게 들끓는 마음을 식힐 시간을 주는 것입니다. 그 시간 동안 아이는 문제를 스스로 해결할 방법을 생각해볼 수 있겠지요. 그래서 타임아웃 기법을 사용할 때는 아이가 분리되기 전에 생각해볼 주제를 넌지시 알려주면 좋습니다. 그러면 훈육의 효율이 더욱 높아지겠지요.

아이가 동생과 놀다가 화가 많이 난 상황입니다. 크게 소리를 지르며 동생을 위협하는 아이에게 타임아웃을 적용하는 예를 들어보겠습니다.

"기분이 좀 풀릴 때까지 5분만 방에 들어가 있다가 나오렴. 그 시간 동안 어떻게 하면 동생에게 화난 마음을 잘 표현할 수 있을지 생각해보자. 그러면 너도 덜 힘들고 엄마도 네가 더 대견할 거 같아."

어떤가요? 이런 과정을 거치면 아이는 '아, 내가 이 문제를 스스로 해결해나가고 있구나' 하고 문제를 능동적으로 바라보게 됩니다.

반대로 "일단 방에 들어가 있어!"라고만 말한다면 같은 기법을 사용하더라도 아이가 '아, 부모님이 내가 보기 싫어서 쫓아내는구나'라고 생각해 훈육의 효과를 얻을 수 없겠지요. 아이가 수동적으로 처벌만을 기다리게 두지 말고 스스로 문제 해결에 뛰어들도록 지도해주세요.

지나친 자책은 도전하고 성취하고자 하는 욕구를 막아서는 족쇄가 될 수 있습니다. 아이는 자신의 부족한 점과 잘못으로 인한 위기에서 스스로를 구하는 히어로가 되어야 합니다. 히어로가 해결하지 못한 문제들에 대해 자책만 일삼는다면 의욕은 점차 꺾이고 고독해져 가겠지요. 아이의 마음속에 히어로가 자라날 수 있게 하는 것은 다름 아닌 아이의 노력을 알아봐주는 부모의 말입니다. 언제나 따뜻한 시선으로 아이를 격려하고, 훈육의 수위를 조절하면서 아이가 스스로를 구해나가는 과정에 함께해주시기 바랍니다.

훈육을 마무리할 때는
아이 스스로 '다음에는 이렇게 할게요'라는
구체적인 대안을 말해보게 하고,
이를 부모가 같이 다듬어나가는 것이 좋습니다.

스스로 대책을 생각해보는 과정에서
부모의 벌이 나를 괴롭히려는 것이 아니라
잘못된 언행을 바르게
잡아주기 위한 것임을 느끼게 됩니다.

또한 나를 부모님 뜻대로
통제하기 위해서가 아니라
바르게 성장할 기회를 주기 위해서라는
것도 깨닫게 되지요.

솔직함의 가치를 배울 수 있는 기회

"아이가 자꾸만 거짓말을 해요."

상담실에서 만나는 부모님이 이런 말씀을 하실 때면 저는 남몰래 긴장하기 시작합니다. 평온한 표정을 유지하려고 애쓰지만, 속으로는 발가락을 꽉 오므리고서 기어를 올려 이야기를 듣습니다. 이 거짓말과 관련되어 벌어지는 여러 일들이 부모와 아이 사이에 발생하는 대표적인 위기 상황이기 때문입니다.

아이가 거짓말을 하면 부모의 마음속에는 배신감이라는 가시덩굴이 싹트게 됩니다. 아이에게 주었던 신뢰와 배려가 무시당했다는 생각이 그 원인입니다. 이런 배신감은 곧 아이에 대한 분노나 생활에 대한 간섭, 그리고 여러 가지 처벌로 이어지게 됩니다. 그러면 아이의 반항이 늘게 되고 2차, 3차 갈등이 불거지기도 하지요.

그런데 부모의 마음속에 배신감이 차오르는 이때가 오히려 양육에 있어서는 하나의 기회가 되기도 합니다. 거짓말을 들으면 엄마 아빠의 마음속에 어떤 감정이 차오르는지 아이에게 가르쳐줄 수 있거든요.

"믿었던 사람이 나한테 거짓말을 하면 정말 속상해진단다."

"네가 거짓말을 하면 엄마가 갖고 있던 너에 대한 믿음이 조금씩 사라져."

"네가 자꾸 거짓말을 하면 친구들이 네 말을 더 이상 믿을 수 없게 돼. 그래서 아빠는 네가 속상하고 외로워질까 봐 걱정이 돼."

관점을 바꿔 생각해보면 아이가 거짓말을 하는 순간은 정직의 가치, 믿음의 중요성을 가르칠 수 있는 소중한 시간이 됩니다. 그래서 양육에 있어 거짓말, 거짓말로 인해 드는 감정을 어떻게 다룰 것인가는 참 중요합니다.

아이들은 왜 거짓말을 할까요? 그 이유부터 한번 살펴보겠습니다.

아이들은 옳고 그름의 기준이 다릅니다

미국의 심리학자인 로렌스 콜버그는 도덕성도 점차 단계를 밟아가며 발달하는 개념이라고 보았습니다. 이 이론을 바탕으로 헤아려보면 아직 도덕성이 발달하는 중인 아이들은 판단의 기준이 상벌이나 자신의 이득에 머물러 있는 경우가 많습니다.

다시 말하자면 유아기의 아이들은 '거짓말은 우리 집의 규칙을 어기고 부모님의 기대를 배신하는 행동이야!'라고 생각하기보다는 '아빠가 화가 많이 나겠는데?' '이러다가 엄마가 아이스크림 안 사주겠는데?'라고 생각하는 시기라는 이야기입니다.

도덕성이 다음 단계로 발달하는 데는 많은 시간과 경험이 필요합니다. 따라서 지금 아이의 수준에 맞는 훈육을 해야 합니다. 왜 진실이 중요한가를 가르치기 전에, 아이가 진실을 말했을 때 상을 주고 거짓말을 했을 때는 불이익을 주는 훈육 방식을 일관되게 적용해주세요. 그래야 아이가 무엇이 옳고 그른지를 배워나갈 수 있습니다.

아이들은 미래보다
현재가 훨씬 중요합니다

아이들은 거짓말을 반복합니다. 눈에 훤히 보인다는 것을 모른 채 거짓말하는 모습을 보고 있자면 부모는 열불이 납니다. 아이가 지혜롭지 못해 보이는 것도 부모를 속상하게 만들거든요. 더군다나 같은 말을 반복해야 하니 지치기도 하고요. 왜 아이들은 거짓말을 반복할까요?

일단 당장의 위기를 모면하는 것만이 머릿속에 떠오르기 때문입니다. 그러면 크게 혼날 수 있고 부모님이 실망한다는 것을 아예 떠올리지 못하는 경우가 많습니다. 애초에 지금의 이득과 나중의 손해를 비교해볼 수도 없습니다. 지금 당장 '진실을 말했을 때의 이득이 있는가'만이 아이의 태도에 영향을 미칩니다.

눈앞의 위기를 피하고자 거짓말을 꺼내는 일은 워낙 순식간에 일어납니다. 그래서 평소에 '거짓말하면 혼이 나고, 정직하게 말하면 칭찬받는다'라는 간결한 메시지를 지속적으로 전하는 것이 중요합니다. 유괴의 위험성을 가르칠 때 "모르는 사람이 데려가려고 하면 '도와주세요!'라고 소리쳐야 돼"라고 알려주듯이 말입니다.

나도 모르게 거짓말을 한 후에 마음이 불편할 때는 "나 거짓말을 했어요"와 같이 짧고 간결하게 도움을 요청하는 방법을 가르쳐주는 것도 좋습니다. 혹은 혼날까 봐 무서워서 거짓말의 유혹을 느낄 때는 "지금 말하기 무서워요. 도와주세요"와 같이 말해도 된다고 알려주세요. 아이가 이렇게 도움을 요청하면 "사실대로 말해줘서 고마워" "엄마가 ○○이를 도와줄 수 있어서 기뻐"와 같은 말을 건네주세요. 이런 말에서 전해지는 부모의 감정이 아이를 안심하게 만듭니다. 이후 아이가 차분해졌다고 생각될 때 찬찬히 거짓말을 하면 일어날 수 있는 안 좋은 미래에 대해 알려주세요.

아이들은 보고 싶은 대로 보려는 경향이 큽니다

아이들은 간혹 자신의 거짓말을 진실이라고 믿어버리기도 합니다. 자신의 소망과 현실을 구분하는 능력이 아직 부족하기 때문입니다. 더불어 다른 사람의 생각과 내 생각이 다르다는 것도 아직 다 배우지 못한 상황입니다. 그래서 자기가 보고 싶은 대로 세상을 보고, '다른 사람도 나처럼 생각하겠구나'라고 생각합니다. 거짓말을 지적하는 부모님에게 '내 말이 맞는데 왜 몰라주냐'며 억울해하거나 당황하는 모습을 보이는 것도 그런 이유입니다. 부모는 아이가 억지 고집을 부리고 판단력이 떨어진다고 생각해서 속상하고 답답해지지요. 이런 상황에서는 서로를 향한 말이나 행동이 격해지게 됩니다.

아이의 생각을 바로잡기 전에 먼저 아이의 감정이나 의도를 부드럽게 읽어주는 것이 중요합니다. '왜 아이가 그렇게까지 생각하게 되었을까?' 하는 질문에 답을 찾아나가는 것이지요.

친구 집에 놀러 간 아이가 있습니다. 틀림없이 자기가 가져온 장난감이 아닌데, 집에 갈 시간이 되자 자기가 가방에 넣어온 장난감이라며 울고 화를 내기 시작합니다. 아이가 사실과 다른 거짓말을 하는 것이 명확한 이런 상황에서는 "너 이거 이거 이거 3개 가져왔잖아!"라고 하기 전에, "저 장난감이 엄청 마음에 들었나 보다, 뭐가 맘에 들었니? 이걸로 집에 돌아가서 뭐 하고 싶었어?" 하고 말을 걸어주세요.

아이의 불만이 부모의 이해를 통해 어느 정도 발산이 되고 난 다음에야 아이는 들을 준비가 됩니다. 사실 관계는 아이의 마음을 먼저 읽어준 이후에 천천히 설명해나가는 것이 더 효과적입니다.

부모님이 만만해서
거짓말하는 것이 아닙니다

아이의 거짓말은 부모님이 화낼까 봐 두려울 때 발생하기도 합니다. 부모들은 거짓말을 반복하는 아이를 보며 분노에 휩싸일 때가 많습니다. 또한 '나를 무시한다' '존중하지 않는다'라는 생각에 더욱 아이를 다그치게 됩니다. 하나 오히려 아이에게 부모님이 두려운 존재일 때, 부모님이 나의 잘못을 알면 나를 크게 미워할 거라는 생각이 들 때 거짓말이 튀어나오기 쉽습니다. 부모의 분노에 압도된 경험이 많은 아이일수록 처벌이 두려워 자수하기 어렵게 됩니다. 아이의 거짓말에 지나치게 분노하면 오히려 아이와의 거리만 더 멀어지는 결과가 일어날 수 있는 것입니다.

아이가 잘못해도 무조건 봐주라는 이야기는 아닙니다. 단, 잘못한 부분은 잘못한 부분대로, 순순히 인정한 부분은 인정한 부분대로 분리하여 훈육하는 것이 중요합니다. 앞에서 말했듯이 거짓말은 아이에 대한 부모의 배신감을 불러일으키기 쉽습니다. 더욱이 아이가 자신만 아는 '못된' 어른으로 성장할까 봐 생기는 불안감이 부모의 분노에 더욱 불을 지피게 됩니다. 하지만 이런 분노를 쏟아내듯이 훈육하게 된다면 얻는 것보다는 잃는 것이 더 많아집니다. 정직의 중요성을 깨우쳐주기는커녕, 아이의 머릿속을 새하얗게 만들기 때문이지요. 오히려 지나친 분노를 접한 아이는 '아, 거짓말이 나쁘구나'라는 생각보다 '아, 거짓말을 들키면 손해구나'라는 생각을 하기 쉽습니다.

그렇다면 아이의 거짓말에 부모는 어떻게 대처해야 할까요?

빨리 털어놓을수록 더 크게 칭찬해주세요

살면서 거짓말을 한 번도 안 해본 사람은 없겠지요. 이 사실에서도 알 수 있듯이 아이의 거짓말을 원천 봉쇄하려는 훈육방침은 사실 성공하기 어렵습니다. 실수로 거짓말을 했더라도 빠르게 이를 인정하고 진실을 말하도록 하는 것이 더 효과적입니다.

어렵게 용기를 내 거짓말을 실토한 아이를 "이렇게 쉽게 인정할 걸 거짓말을 왜 했니!"라고 추궁해서도 안 됩니다. 이런 상황을 반복해서 겪는다면 거짓말을 또 다른 거짓말로 덮게 될 테니까요. 아이에게 '한번 거짓말을 했더라도 빨리 거짓말임을 털어놓고 인정하는 게 낫다'는 것을 알려주세요. 그래야 거짓말이 거짓말을 부르는 상황을 피할 수 있습니다.

그러려면 가족 내에서 빨리 진실을 말할수록 칭찬하고 인정해주는 분위기를 만들어가는 것이 중요합니다. 여기에서의 포인트는 아이가 거짓말을 '빨리' 인정할수록 더 크게 칭찬해주는 것입니다. 이는 마치 얼음땡 놀이에서 술래와 닿기 직전에 "얼음!"을 외치는 것처럼 거짓말로 버티고 버티다가 걸리기 직전에 자백하는 상황을 줄이기 위함입니다.

거짓말이라는 몬스터와 싸우는 한 팀이 되세요

아이와 싸우지 마세요. 아이와 부모가 거짓말이라는 공통의 적에 함께 맞서 싸워야 합니다.

"너 왜 거짓말을 했니? 잘못했어, 안 했어? 담부터 어떻게 할 거야?"

이런 말을 들으면 아이는 공격받는다고 오해하기 쉽습니다. 그러면 부모와 아이가 편이 갈려서 전쟁을 하게 되지요. 부모가 질까 봐 전쟁을 하지 말라는 것이 아닙니다. 전쟁 이후에 남는 것들이 문제를 일으키기 때문에 말리는 것입니다.

부모의 말에 틀린 게 하나도 없다 해도, 공격받은 아이에게는 상처가 남습니다. 이 상처가 부모를 미워하는 마음으로 번지면, 미워하는 사람의 말을 듣기가 더욱 싫어지게 됩니다. 또한 추궁하는 과정에서 아이의 자존심이 다칠 수 있습니다. 그러면 약한 자기 모습을 인정하기 싫어서라도 오기를 부리며 거짓말을 이어갈 수 있습니다. 그뿐만이 아닙니다. 전쟁에서 절대적으로 열세인 세력이 취하는 전술에는 게릴라전이라는 게 있지요. 당장은 내가 못 이기더라도, 부모가 어쩔 수 없이 약속을 못 지키게 되거나 말과 행동이 일치하지 않는 상황 등을 노려 아이의 공격이 들어오게 됩니다.

아이에게 "우리는 거짓말이라는 몬스터와 싸우는 한 팀"이라고 이야기해주세요. 그리고 이 거짓말이라는 몬스터는 우리가 서로 믿지 못할수록 더욱 힘이 세진다는 사실, 몬스터가 힘이 세지면 엄마 아빠와의 사이가 점점 나빠진다는 사실도 알려주세요. 이렇게 하면 아이에게 긍정적인 동기를 심어줄 수 있습니다. 아이가 나쁜 거짓말을 한 죄인이 되는 것보다는 솔직하게 말해서 거짓말이라는 몬스터를 물리친 용사가 되는 것이 좋겠지요.

거짓말은 가족에게 위기이자 기회가 될 수도 있습니다. 분명 거짓말로 인해 생겨난 배신감은 아이와 부모 사이를 멀어지게 만듭니다. 하지만 이 거짓말을 극복하는 과정을 통해 우리는 아이에게 눈앞의 이익이나 손해보다 더 중요한 것이 있다는 것을 가르칠 수 있습니다. 그리고 이 가르침은 아이가 성장하며 여러 유혹이 찾아올 때 길을 잃지 않도록 도와주는 나침반이 되어줍니다. 부모가 아이의 거짓말로 인한 부정적인 감정에 너무 오래 빠져 있다면 이런 기회를 잘 살릴 수 없겠지요. 아이의 거짓말이 솔직함이라는 가치를 가르쳐줄 수 있는 좋은 기회라는 발상의 전환으로 지혜롭게 대처해나가시기 바랍니다.

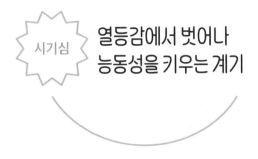

열등감에서 벗어나 능동성을 키우는 계기

"걔는 어쩌다 운이 좋아서 잘된 거야."

"자기 능력이 아니라, 부모를 잘 만난 거지."

"그게 뭐 대단한 일이라고, 마음만 먹으면 누구라도 할 수 있는 일이지."

시기심에 휩싸일 때 사람들이 쉽게 입 밖으로 내는 말들입니다. 이런 말들은 보통 성취에 기뻐하는 사람의 마음에 찬물을 끼얹거나, 이런 말을 하는 사람의 위상을 오히려 낮추는 결과를 초래합니다. 이렇게 보면 시기심은 버려야만 할 감정처럼 느껴지지만, 사실 시기심에 단점만이 존재하는 건 아닙니다.

시기심을 잘 다루는 법을 익히게 되면, 아이는 이를 자신을 성장시키는 동력으로 삼을 수 있습니다. 시기심은 자신이 갖지 못한 것을 얻고자 더 끈기 있게 노력하게 만들고, 남들의 장점을 흡수하고자 능동적으로 배움에 참여하게 만들어주는 감정이거든요. 이러한 과정을 통해 얻은 성공 경험은 아이의 자존감 형성에도 긍정적인 영향을 미칩니다.

반면 아이가 시기심을 잘 다루지 못하고 이 감정에 휘둘리게 되면 다른 사람의 성취나 성장, 인기를 견디지 못하는 어른으로 성장할 수 있습니다. 나아가 은근히 남의 성취를 깎아내리는 사람, 잘난 척하지 않고는 살 수가 없는 사람이 되어버릴 수도 있습니다. 시기심을 잘 승화시키지 못하면 열등감으로 변하게 되는데, 다른 사람들의 빛나는 모습이 자신의 열등감을 자극하는 경우가 많아지기 때문입니다. '나는 남들보다 못난 사람'이라는 괴로움이 너무 크기 때문에 남들을 깎아내리거나, 자신의 위치를 높임으로써 비교를 통해 마음의 평화를 찾으려 하는 것입니다.

시기심을 잘 다루는 아이로 키우기 위해서 부모가 꼭 기억해야 할 것들이 있습니다.

아이의 '순위'에 연연하지 않나요?

　부모들은 아이가 숫자만으로 판단할 수 없는 삶의 가치들을 깨닫기를 바랍니다. 시험 성적뿐 아니라 공부하는 과정에서 기울인 노력, 받은 상장의 개수보다는 내가 얼마나 사랑받는 사람인지 깨닫는 것, 알고 있는 공룡 이름의 개수보다는 공룡에 대한 호기심과 애정 같은 것들 말이죠. 머리로는 이런 가치의 소중함을 아이에게 가르치는 것이 중요하다는 사실을 알면서도, 무의식적으로 과정보다는 결과에 더 큰 관심과 반응을 보이는 일이 발생하곤 합니다. 이런 일이 자주 반복되면 아이는 '우리 부모님은 숫자를 중요하게 생각하는 사람이구나' 하고 생각하거나, 눈에는 보이지 않는 가치의 소중함을 가볍게 여기게 될 수 있습니다. 이런 인식이 자신보다 서열상 위에 있거나 앞선 사람에 대한 시기심으로 자라나게 되는 것입니다.

　저는 아이와 부모의 관계에 대해 알고 싶을 때 "어떨 때 아이를 칭찬하세요?"라는 질문을 종종 합니다. 그러면 학교에서 상을 받아왔을 때, 시험에서 좋은 점수를 받았을 때 같은 답변을 가장 많이 듣게 됩니다. 이들의 공통점은 모두 결과들에만 관심을 기울이고 있다는 것입니다. 대부분 숫자로 셀 수 있는 결과들은 아이들을 한 줄로 세워 순위를 매긴 경우들입니다. '행복은 성적순이 아니잖아요' 같은 호소를 하려는 건 아닙니다. 단지 아이들이 가치관의 균형을 잡을 수 있게 도와야 한다는 것입니다.

자신감이나 경험의 부족으로 인해 가치관의 불균형이 일어날 경우, 눈앞에 명확히 보이는 숫자에 집착하는 현상이 일어나게 됩니다. 자신감이 부족한 사람이 체중이나 인스타그램 팔로워, 핸드폰에 저장된 친구 수에 일희일비하게 되듯이요. 그런데 그 사람만의 매력, 그 사람이 가진 가치가 꼭 숫자로만 결정되는 것은 아니잖아요? 마찬가지로 아이 안에서 빛나고 있는 많은 장점들이 단지 숫자로 확인되지 않아서, 눈에 보이지 않아서 관심받지 못하고 있지 않은지 생각해보아야 합니다.

아이가 시험을 못 봐서 아쉽더라도 "이전보다 더 열심히 노력하고 준비했으니까, 괜찮아"라고 말해줄 수 있고, 줄넘기를 잘 못해도 "그래도 오늘은 3개나 더 했네? 기분이 어때?" 하고 아이의 감정에 관심을 가져줄 수 있습니다. 부모의 이런 세심함이 아이의 가치관을 바르게 형성시켜준다는 사실을 꼭 기억해주시면 좋겠습니다.

타인의 인정뿐 아니라
자기만족도 중요해요

　부모들은 아이가 자기 합리화를 하거나 자기만족에만 머물러 성장을 멈추게 될까 봐 걱정합니다. 그래서 아이에게 세상의 시각을 가르쳐주려고 애쓰지요. "이건 이래서 잘한 거야" "이건 이렇게 했기 때문에 잘못한 거야" "다른 애들에 비해서 너는 이만큼 부족한 게 있어" 이런 식으로 말이죠. 하지만 이런 가르침만 받은 아이는 다른 사람의 인정이 없으면 만족하지 못하는 사람이 되어갈 가능성이 큽니다. 특히 친구의 성취를 깎아내리며 네가 훨씬 낫다고 아이를 치켜세운다거나, 친구의 실패를 거론하면서 저렇게 해서는 안 된다고 가르치는 상황을 조심해야 합니다.

　여럿이 경쟁하는 상황에서 '남들의' 인정이란 마치 양이 정해져 있는 제한된 자원과도 같습니다. 그래서 친구들이 인정받는 모습을 보면 아이는 자기 몫의 인정이 줄었다는 위기감에 시기심을 갖게 됩니다. 이런 상황을 방지하려면 아이가 자신의 성과 중 어떤 부분이 마음에 들었는지, 어떤 부분이 아쉬웠는지, 친구의 성공과 실패를 보면서 어떤 생각이 들었는지 이야기해보는 것이 좋습니다. 자기만족과 객관적인 자기평가에 대한 균형 잡힌 사고는 아이가 시기심에 휩쓸리지 않고 이 감정을 잘 다룰 수 있게 만드는 토양이 되어줍니다.

친구가 주목받는 것이 나의 실패는 아니에요

다른 부정적인 감정과 마찬가지로, 시기심 또한 불안으로부터 출발하는 경우가 많습니다. 내가 아닌 다른 사람이 주목받아서 빛이 날 때가 그렇습니다. 저 빛 때문에 내가 가려지거나 잊히면 어떡하지, 다른 사람들이 나는 별로라고 생각하면 어떡하지, 라는 불안이 시기심을 불러일으킵니다.

연극배우를 예로 들어보겠습니다. 한 무대에 서게 된 경쟁 구도의 배우가 자주 스포트라이트를 받는다면 어떤 감정이 피어오를까요? 성향에 따라서는 자신감이 위축되고 미래에 대한 불안이 밀려올 수 있습니다. 심한 경우 배우 생활의 위기를 느끼는 극심한 불안감에 휩싸일 수도 있겠지요. 하지만 상대방이 스포트라이트를 받는 것을 나의 실패와 연결 짓는 사고에서 벗어나면 어떨까요? 다음번에는 나도 주목받을 기회가 있음을 알고, 상대방도 나도 이 연극에서 없어서는 안 될 중요한 인물임을 상기한다면 불안과 시기심에 휘둘리지 않고 상황을 객관적으로 판단할 수 있게 됩니다.

친구가 주목받을 때 아이가 어떤 감정을 느끼는지, 불편한 감정을 다루기 위해 아이가 스스로 어떻게 하는지 한 번 살펴보세요. 남들에게 인정받지 못하는 상황이나 실패에 대한 두려움을 가지고 있는지 알아보는 것이지요. 내 아이가 어떤 감정을 느끼는지, 나아가 어떤 성향인지 알고 있어야 적절한 도움을 줄 수 있으니까요.

다른 모든 감정과 마찬가지로, 아이의 시기심을 다루는 방법 또한 공감이 우선되어야 합니다. "친구가 박수받을 일을 했으면 같이 박수를 쳐줘야 착한 어린이지" 하고 바로 가르침이 들어가버리면, 아이는 '시기심은 못된 감정이구나' 하고 마음속으로 숨기게 되거든요. 혹은 "너 지금 쟤 질투하는구나" 하고 아이의 마음을 직설적으로 말하면 아이는 당황하여 자기감정을 부인할 수 있습니다. 시기심은 정곡을 찔렸을 때 크게 당황하고 부인하기 쉬운 감정 중 하나이기 때문입니다.

"친구가 박수를 받을 때 마음이 편치 않았어? 그건 친구가 미워서가 아니고 ○○이도 박수를 받고 싶고 잘하고 싶어서 그런 거야. 친구에게는 마음껏 박수를 쳐주고 대신에 ○○이가 박수를 받을 기회에 더 잘할 수 있도록 미리 준비해보자. 그러려면 어떻게 하면 좋을까?"

이런 식의 대화를 통해 아이가 자기감정을 읽고 다음번에 찾아올 기회를 잘 준비할 수 있도록 도와주세요.

시기심을 동력 삼아 달리는 것은 위험해요

시기심은 날것 그대로 다룰 경우 아이에게 폭발적인 에너지를 줄 수도 있습니다. 하지만 그 대가로 안정감은 크게 해칠 수 있어요. 예를 들어 친구보다 공부를 잘하고 싶은 아이가 있다고 해볼게요. 친구한테 지는 건 너무 싫기 때문에 일단은 공부를 아주 치열하게 해서 성적을 올리려고 하겠지요. 시기심 덕분에 아이의 성적이 오르는 좋은 결과를 얻을 수도 있지만, 그 대가로 불안정감을 감수해야만 합니다.

자신을 향상시켜나가는 과정은 언제나 오랜 시간을 필요로 합니다. 그런데 아이가 그 과정에서 늘 시기심에 휩싸여 있다면 어떨까요? 초등학교에서부터 열심히 공부해서 중학교에 올라가 보니 나보다 더 잘하는 친구들이 수두룩합니다. 다행히 거기에서 살아남아 고등학교에 진학했더니 날고 기는 친구들만 모여서 저 뒤로 등수가 밀려납니다. 길고 험난한 경쟁 구도에서 오랫동안 시기심을 견디다 지쳐버린 아이는 아예 경쟁을 포기하거나 거부하는 모습을 보일 수도 있습니다. 어떤 사람도 늘 성공만 할 수는 없습니다. 때로는 뒤처지고 멈춰서는 순간도 만나게 되지요. 때로는 시기심을 느끼게 될 수도 있습니다. 하지만 이 감정을 동력 삼아 달리지 않도록 경계해야 합니다. 차에 화약을 넣고 달리지는 않듯이 말이지요.

슬픈 것은 시기심은 전염되고 증폭되는 성질을 가진다는 점입니다. 시기심에 휩싸인 사람은 자신이 살아남기 위해, 즉 자신이 가지고 있는 두려움을 해소하기 위해 '네가 해낸 건 아무것도 아니야' 하고 상대방을 폄하하는 메시지를 던집니다. 그 결과 메시지를 전달받은 상대방도 자신의 능력이나 가치를 의심하기 시작합니다. 이는 곧 새로운 시기심의 씨앗이 되지요. 이런 현상이 사회 전체로 확대되면 잘 알지도 못하면서 남의 성취를 우습게 여기고, 남의 실패를 비웃고 조롱하는 문화가 형성됩니다.

아이들이 지나친 시기심에 휘둘려 자신을 잃지 않고, 이 감정을 적절히 이용해 성장의 발판으로 삼기를 바랍니다. 또한 시기심으로 서로를 깎아내리는 세상이 아닌, 상대방의 성공은 함께 기뻐해주고 실패의 상처는 위로해주는 건강한 세상을 살아갔으면 좋겠습니다.

시기심을 잘 다루는 법을 익히게 되면,
아이는 이를 자신을 성장시키는
동력으로 삼을 수 있습니다.

시기심은 자신이 갖지 못한 것을
얻고자 더 끈기 있게 노력하게 만들고,
남들의 장점을 흡수하고자
능동적으로 배움에 참여하게
만들어주는 감정이거든요.

이러한 과정을 통해 얻은 성공 경험은
아이의 자존감 형성에도
긍정적인 영향을 미칩니다.

소외감

잘 겪어내면 건강한
관계 맺기가 가능해져요

나홀로 씨는 혼자 있으면 외롭고, 다른 사람들이 곁에 있으면 괴롭습니다. 자기도 그러고 싶지 않은데, 자꾸만 자신에게 다가오는 사람들에게 집착하게 됩니다. 친구들이 나만 모르는 주제에 대해서 이야기할 때마다 마음이 덜컹거리는 걸 숨기느라 애를 씁니다. 피치 못할 사정으로 혼자만 모임에 빠지게 된 날은 하루 종일 우울하고 불안합니다. 연애할 때도 비슷합니다. 머리로는 남자친구가 다른 친구들도 만나고 즐거운 시간을 보냈으면 하는데, 마음으로는 자꾸 화가 피어올라 자괴감에 빠지기도 합니다.

나홀로 씨가 겪고 있는 고통의 이유는 무엇일까요? 그것은 소외감이라는 감정을 이해하고 잘 다루는 능력과 깊은 관련이 있습니다.

아이는 어떨 때 소외감을 잘 느낄까요?

관심이나 애정을 다른 사람과 나눠 가져야 하는 상황을 유독 힘들어하는 아이들이 있습니다. 아무래도 부모의 관심을 두고 경쟁하는 형제자매가 있는 가정에서 더 흔히 볼 수 있지만, 외동아이도 부모님 사이가 너무 좋은 것을 견디지 못하는 경우가 있습니다. 선생님의 관심이 다른 친구들에게 가는 것을 못 참기도 하고, 친구가 다른 친구와 친하게 지내는 것에 큰 스트레스를 받고 예민해지기도 합니다.

"엄마! 나부터야!"

"아빠! 엄마랑 떨어져!"

"선생님은 나랑 제일 친하거든! 너 저리 가!"

"너 왜 재랑 놀면서 내가 부르는데 대답 안 했어!"

아이가 이런 말을 자주 한다면 마음속에 소외감이라는 감정이 크게 영향을 끼치고 있을 가능성이 높습니다. 소외감은 자신이 다른 사람들로부터 충분한 사랑을 받지 못하게 될지도 모른다는 불안을 크게 자극합니다. 이런 불안은 종종 분노로 변해서 형제나 친구를 괴롭히고, 어른들을 비난하는 행동으로 나타납니다.

물론 다른 사람과의 모든 다툼이 소외감 때문에 일어나는 것은 아닙니다. 하지만 소외감으로 인한 다툼의 경우 가족 전체, 무리 전체에 영향을 미치는 경우가 많아 더 주의가 필요합니다. 소외감에 휩싸인 아이는 마치 음료수가 나오지 않는다고 자판기를 세차게 두들기는 사람처럼 애정을 달라고 요구하면서 상대방의 마음을 멍들게 하기 때문입니다. 소외감이 아이의 눈을 가려서, 어떻게든 상대방의 관심과 애정을 당장 나에게로 돌려놓고 싶게 만듭니다.

소외감은 불만족감을 극대화하면서 분노로 표출되곤 합니다. 그래서 분명 엄마를 사랑하고 있는 아이가 "이럴 거면 나 왜 낳았어!"라는 모진 말을 하고, 제일 친한 친구에게 "너랑은 이제 안 놀 거야!"라는 말을 서슴없이 내뱉게 만들기도 합니다. 그러고는 금방 후회하면서도 말이죠.

소외감을
잘 다루는 법

"○○이는 어제도 엄마랑 산책 나갔잖아!" "아빠는 맨날 ○○
이랑만 이야기하잖아!"와 같은 표현 방식은 듣는 형제에게는
공격받는 느낌으로 전달될 수 있습니다. 아이가 원하는 건 소
외감으로 인한 불안이나 불만을 이해받고 싶은 건데, 이런 본
질은 가려진 채 형제 사이에 불필요한 싸움이 벌어지기 십상
이죠. 이보다는 지금 상황에서 느끼는 감정을 표현할 수 있도
록 격려해야 합니다.

예컨대 "엄마랑 ○○이랑만 산책 나가서 많이 속상했어? 엄
마가 어떤 마음을 알아줬으면 좋겠어?"와 같은 말로요. 이런
대화를 찬찬히 반복하다 보면 소외감을 느낄 때 아이가 어떤
감정을 함께 느끼는지, 주로 어떤 상황에서 소외감을 느끼는지
알아갈 수 있습니다.

아이에게 "엄마의 사랑을 듬뿍 받으려면 네가 엄마를 행복
하게 해줘야 해" 하고 말해주세요. 이것이 '엄마 아빠 사용법'

의 첫 단계입니다. "말 안 들으면 엄마도 너랑 안 놀아줄 거야!"라는 협박과는 개념이 달라요. 공연장에 선 스타가 "오늘 잊지 못할 추억을 만들고 싶다면 여러분의 호응이 중요합니다!"라고 알리는 것에 가깝지요.

그런 다음 부모가 아이의 어떤 모습에 행복해지는지 알려주세요. 엄마 아빠가 행복해야 너와 더 신나게 놀아줄 수 있고, 네 이야기도 더 잘 들어줄 수 있다고도 말해주세요. 엄마 아빠가 여유가 생길 때까지 잠시 기다려주기, 속상하더라도 화내지 않고 말로 잘 표현하기 등을 연습해보는 것도 좋아요.

마지막으로 아이가 엄마 아빠 사용법을 잘 실천한다면 이에 대해 아낌없이 칭찬하고 관심을 기울여주세요. 부모의 관심을 받기 위한 아이의 올바른 표현 방식에 많은 관심과 반응을 보여준다면 남을 탓하거나 화내는 것처럼 나쁜 요구 방식이 차차 줄어들게 됩니다.

셋째, 아이에게 습관적으로 사과하지 말아야 합니다.

부모가 자녀 모두를 만족시키는 것은 불가능에 가까울뿐더러, 이상적인 양육 방식도 아닙니다. 아이도 자신에게 주어지는 불만족에 익숙해질 필요가 있습니다. 또한 아이가 소외감이나 불만족을 표시할 때마다 부모가 습관적으로 사과하는 것은 오히려 아이에게 독이 되기도 합니다. 만족이 당연한 일이 되고, 불만족감을 안겨준 부모가 죄인이 된다면 나눔이나 기다림을 어려워하는 성인으로 성장할 수 있거든요.

아이들을 동시에 챙기기 어려운 상황이라면 사과 대신 아이의 감정에 공감하는 데 집중하는 것이 좋습니다. "엄마가 동생 유치원 데려다주느라 ○○이랑 같이 못 있어 줘서 미안해"보다는 "혼자 있는 동안 많이 힘들었어? 어떤 마음이 들었어?"라고 묻는 거죠.

부모의 습관적인 사과는 당혹감이나 자책에서 튀어나오는 경우가 많습니다. 따라서 평소 아이가 어떨 때 소외감을 잘 느끼는지 파악해둘 필요가 있습니다. 그러면 예기치 못한 상황에서 무의식중에 아이들을 다르게 대하는 일이 줄어들고, 아이도 예상 가능한 상황에서 참고 기다리는 것을 배울 수 있거든요. 아이를 한 명씩 돌아가며 씻길 때, 한 명씩 데리고 산책을 나갈 때, 어린이집에서 있었던 일을 들어줄 때 등이 소외감을 다루는 연습을 해보기 좋은 일상적인 상황이겠지요. 아이에게 억지로 결핍을 제공하라는 말이 아니라, 결핍으로 인한 감정을 잘 표현해낼 수 있도록 예상 가능한 불만족을 경험시켜주는 것이 포인트입니다.

소외감과 불만족감을 잘 다루는 아이로 키우는 핵심은 지금 당장 부모가 원하는 걸 들어주지 못하더라도 아이를 사랑하는 마음은 변함이 없다는 것을 알려주는 것입니다. 즉 '애정과 관심이 완전히 끊기는 것이 아니라 언젠가 돌아오는 것'이라는 사실을 이해시키는 과정입니다. 당장의 불안이나 불만족감을 견디기 힘든 아이를 이해시키기란 분명 어려운 일입니다. 하지만 천천히 이 과정을 겪어낸 아이는 남다른 안정감을 갖게 됩니다. 타인과 건강한 관계 맺기가 가능해지기 때문입니다.

4장

부모로부터 전해져야 할
긍정적인 감정들

아이의 전 생애에
영향을 끼치는 핵심 감정

A라는 사람이 있습니다. A는 자신이 베프라고 생각한 친구가 자신을 1순위로 생각해주지 않아 남모를 고통을 겪고 있었습니다. 또한 친구들이 한순간에 자기를 떠나버릴지 모른다는 두려움도 항상 품고 있고요. A는 자신이 성인이 되면 무언가 달라질 수 있을 것이라는 희망을 버팀목 삼아 괴로운 학창시절을 견뎠습니다. 이후 A의 희망대로 그가 성인이 되자, 그에게도 마침내 연인이 생겨 행복한 연애를 시작했습니다.

그런데 이게 웬걸, 연인이 생긴 이후에는 연인에게서 오는 연락 횟수나, 메시지의 길이, 돈 씀씀이 등 눈에 보이는 것으로 애정을 자꾸만 확인하게 되었습니다. 때로는 상대를 시험에 빠트리면서까지 말입니다. A의 마음속엔 애정에 대한 끝 모를 허기가 있었으며 상대에게 애정을 아무리 받아도 그 허기는 쉽게 채워지지 않았습니다. 결국 계속해서 애정을 갈구하던 A는 자신의 절박해 보이는 모습이 상대에게 안 좋게 비칠까 봐 두려워하게 되었습니다. 그래서 오히려 겉으로는 다른 사람들의 애정이 별로 필요하지 않은 척한다든지, 누군가에게 깊이 마음을 여는 상황을 피하기 시작했습니다.

아마도 A는 애정이라는 감정을 다른 사람과 주고받는 법, 자신의 마음속에 오래 간직하는 법을 배울 기회가 적었을 것입니다. 사실 어린 시절 겪은 애정과 관련된 경험은, 그 사람의 인생 전체에 걸쳐 매우 큰 영향력을 미칩니다. 애정이 다른 긍정적인 감정과 삶의 필수적인 기능들의 토양이 되어주기 때문입니다.

안정감, 성취감, 즐거움 등 다른 긍정적인 감정들을 더 잘 느낄 수 있게 하는 바탕이 되는 감정이 바로 애정입니다. 스트레스를 견디는 능력, 좋아하는 일을 찾고 이를 꾸준히 하는 능력, 다른 사람의 마음을 이해하고자 하는 노력 모두 애정에서 출발합니다. 더불어 사랑하는 사람과 안정적으로 관계를 지속하는 데에도 애정이 큰 영향을 줍니다. 그래서 우리는 어린 시절부터 아이가 애정을 풍부하게 느끼고, 이를 안정적으로 받아들일 수 있도록 신경을 써야 합니다.

눈에 보이지 않아도 함께한다는 믿음, 대상 항상성

대상 항상성object constancy이란, 양육자와 아이와의 관계에 대해 관심이 많았던 정신과 의사, 마가렛 말러가 처음으로 이야기한 개념입니다. 마가렛에 따르면 아이가 대략 만 2세가 될 무렵부터는 양육자가 눈앞에 보이지 않더라도, 내가 필요로 하면 바로 내게 와서 나를 돌봐줄 것이라는 믿음이 싹트기 시작한다고 합니다. 이런 믿음을 지칭하는 말이 바로 대상 항상성입니다.

대상 항상성이 잘 형성된 아이들은 애정을 주던 대상이 갑자기 나를 떠날까 봐 불안해하지 않습니다. 또 상대방의 애정을 잘 받아들일 줄 알고, 나를 변함없이 사랑해줄 것이라는 믿음을 가지게 됩니다. 이는 상대가 어디에 있든, 무엇을 하든지 간에 나를 생각하고 사랑해준다는 믿음을 뜻합니다. 이런 믿음이 부족한 사람들은 사랑을 받더라도 이를 마음속에 오래 간직하지 못하고 지속적인 애정 표현을 갈구하게 됩니다. 그래서 이전까지 받아온 사랑을 잊고 순간순간의 다툼이나 실망감에 크게 상처받는 상황이 생기기도 합니다.

보통 대상 항상성은 만 3세 무렵에 완성된다고 합니다. 그래서 대상 항상성이 아직 튼튼하지 않은 3세 이전에는 자신이 의지하는 대상의 부재나, 환경 변화에 더욱 민감할 수 있습니다. 그렇다면 대상 항상성이 잘 확보되도록, 다시 말해 아이에게 오롯이 집중해주기 위해서 아이를 무조건 한 명 낳거나 3년 이상의 터울을 두고 낳아야 할까요? 아이를 한 명만 낳거나 터울을 두는 방법보다는 아이의 대상 항상성을 안정되게 길러줄 방법 자체에 집중하는 것이 훨씬 더 효과적입니다. 이때 가장 중요한 개념은 바로 '일관성'입니다.

일관성이 가장 중요합니다

일관된 양육을 위해서는 잦은 환경 변화나 양육자의 교체는 피하는 것이 좋습니다. 하지만 이 말이 '부모님 중 한 명은 무조건 아이 곁을 지켜야 한다'라는 단순한 의미는 아닙니다. 중요한 것은 잠깐 떨어져 있더라도, 얼마간의 시간이 지나면 반드시 나를 다시 만나러 온다는 믿음을 아이에게 심어주는 것입니다.

출근할 때 아이에게 "엄마는 이제 일하러 나가야 돼. 저녁을 먹고 나서 돌아올게" 하고 말해주세요. "엄마가 열심히 일하면 ○○이가 좋아하는 음식이랑 장난감을 더 많이 줄 수 있어"와 같은 설명을 덧붙여도 좋습니다. 표정과 태도로도 신뢰감이 전달되도록 아이의 눈을 바라보면서 다독이듯 말한다면 더욱 좋겠지요. 처음에는 부모님의 부재에 당황하던 아이들도 매일 약속이 일관적으로 지켜지는 것을 경험하면서 신뢰가 쌓이고 이런 신뢰가 아이에게 안정감을 주게 됩니다. '엄마 아빠가 나와의 약속을 신경 써서 지키려고 애쓰시는구나'라는 느낌을 통해서 말입니다.

그런데 가끔은 피치 못할 사정으로 약속을 못 지키는 경우도 생기겠지요. 그럴 때는 "오늘 갑자기 해야 하는 일이 생겨서 늦었네, 혹시 많이 속상했니? 미안해. 앞으로는 늦어질 때 할머니에게 미리 전화해둘게"라는 식으로 이유를 설명하고, 아이의 마음에 공감하면서, 앞으로의 노력 등에 대해서 이야기해주면 됩니다.

대상 항상성을
잘 형성시키는 방법

첫째, 부모와 함께 즐기는 활동을 찾아주세요.

대상 항상성은 나를 돌봐주는 사람과의 좋은 기억들과 안정감을 양분 삼아 성장합니다. 가급적 게임이나 애니메이션을 즐기더라도 이에 대한 감상을 이야기하거나, 거기 나온 캐릭터들을 바탕으로 역할 놀이를 하며 부모님과의 상호작용을 유지할 수 있도록 해주세요.

둘째, 아이가 일상적인 즐거움에 익숙해지게 도와주세요.

일상의 반복은 곧 안정감과 연결됩니다. 매일 저녁 아빠와 나가는 산책, 매 주말에 들르는 공원, 아침마다 같이 하는 체조 등이 아이의 애정 욕구를 듬뿍 채워줍니다.

셋째, 아이의 표현에 즉각 즉각 반응해주세요.

아이는 상대방의 침묵과 무반응에 대해 '나에게 관심이나 애정을 주지 않고 있구나'라고 오해하는 경우가 많습니다. 그래서 아이의 표현에 제때 반응해주는 것이 대상 항상성 형성에 중요합니다. 어떤 날은 잘 반응해주다가 어떤 날은 지쳐서 잘

응답하지 않거나, 힘든 하루를 보낸 부모가 자신도 모르게 핸드폰에 빠져 있는 경우 아이는 안심하기가 어려울 수 있습니다. 그래서 부모가 먼저 여유를 갖고 마음 건강을 챙기는 것이 아이의 건강한 감정 발달에 필수적인 요소가 됩니다.

아이가 원하는 방식의 애정 주기

애정이라는 감정에는 항상 두 사람이 필요합니다. 그리고 애정의 요구량, 애정 표현의 방식은 사람마다 다를 수밖에 없습니다. 이때 빠질 수 있는 함정은, 아이가 원하는 방식이 아닌 나의 방식으로 아이에 대한 사랑을 표현하는 것입니다. 누구나 일방적이고 자기중심적인 애정의 대상이 되고 싶지는 않을 것입니다. 아무리 상대가 나를 사랑해서 하는 행동이라도 그 방식이 내가 원하는 방식이 아니라면 상대에게 부담을 느끼거나 스트레스를 받기 쉽지요. 이는 아이도 마찬가지입니다.

식물마다 한 번에 주는 물의 양과 주기가 다 다르듯이, 아이에게 주는 애정도 아이의 특성에 맞추어 주어야 합니다. 감각에 예민한 아이에게 자꾸 스킨십을 하지는 않는지, 감정적 응원을 필요로 하는 아이에게 자꾸 해결책만을 제시하지는 않는지, 인정받고 싶은 아이에게 자꾸 '실패해도 괜찮다'라는 말을 하고 있지는 않은지, 자존심이 강한 아이를 자꾸 놀리며 장난을 치지는 않는지, 스스로 해봐야 직성이 풀리는 아이를 매번 먼저 나서서 도와주지는 않는지 살펴보아야 합니다.

부모의 기질에 따른 대응법

이때 잊지 말아야 할 것은 아이의 기질 파악에 앞서 부모의 기질을 먼저 알아야 한다는 것입니다. 사실 부모의 기질을 나누는 방식은 좀 더 다양할 수 있지만, 여기서는 양육과 관련하여 크게 2가지 타입으로 나누어 생각해보겠습니다.

다음 표에서 어떤 문장이 자신을 좀 더 잘 표현하는지 한번 체크해보세요. 그런 다음 아이의 성장을 지켜보며, 아이는 과연 이중 어떠한 특성을 지니고 있는지 관찰해보세요.

만약 부모와 자녀의 타입이 비슷하다면 애정을 주고받기 훨씬 수월해집니다. 예컨대 부모와 자녀 둘 다 상대에게 공감받기를 원하고, 사랑한다고 자주 이야기해주기를 바란다면 말이죠. 문제는 부모와 자녀 간에 성향이 맞지 않을 때 발생합니다. 부모는 논리적이고 감정 표현에 서툰데 아이는 공감의 요구량

부모의 기질 파악을 위한 체크리스트 〉〉〉

감정형	확인	논리형	확인
나는 감정을 다루는 데 익숙하다.	☐	나는 논리를 다루는 데 익숙하다.	☐
아이가 말을 할 때 나는 아이의 기분을 이해하려 노력한다.	☐	아이가 말을 할 때 나는 문제의 해결책을 답해주려고 노력한다.	☐
나는 아이가 원하는 것이 무엇인지 알고 싶다.	☐	나는 아이에게 필요한 것이 무엇인지 알고 싶다.	☐
아이가 내 맘을 몰라줄 때 속이 상한다.	☐	아이를 이해하지 못하겠을 때 속이 상한다.	☐

이 높을 때, 혹은 그 반대의 경우가 그렇습니다. 그래서 아이는 나와는 다른 사람이라는 걸 먼저 인식하고, 그 차이를 어떻게 줄여나갈지 고민해보아야 합니다.

감정형의 부모가 논리형의 자녀를 만났을 경우

아이에게 하는 말에 구체적인 해결 방안이 들어가 있는지 살펴보세요. 아이가 부모의 말에 충분히 납득했는지 들어보고 아이가 그렇게 생각하게 된 이유를 들어봐주세요. 위로나 응원을 할 때도 눈에 보이거나 셀 수 있는 구체적인 근거를 들어주는 것이 논리형의 아이에게 효과적일 수 있습니다.

논리형의 부모가 감정형의 자녀를 만났을 경우

아이가 자기감정을 충분히 표현한 뒤에 말을 시작하는 것이 좋습니다. 내가 하는 말이 다 맞더라도 그 말이 아이의 감정을 상하게 한다면 소통의 효율성이 떨어질 수 있음을 염두에 두세요. 아이가 한 말이나 행동의 옳고 그름을 정의 내리기 이전에, 아이의 행동이 나에게 어떠한 감정을 불러일으켰는지 아이에게 표현해주세요.

애정 표현에
서툰 부모들에게

애정 표현이라는 것에도 소위 '기술'이라는 것이 필요합니다. 아이에게 표현하는 애정도 본질은 연애와 똑같습니다. 상대방이 원하는 방식으로, 상대방이 원하는 타이밍에, 상대방이 원하는 만큼 애정을 '드러내는' 것. 그것이 애정 표현의 가장 기본적인 기술입니다. 무슨 기술이든 간에 타고나지 않고서야 많은 경험과 시행착오를 거치는 과정이 반드시 필요합니다. 애정 표현도 하면 할수록 는다는 이야기입니다.

하지만 가족사, 문화적인 차이, 개인적인 성향 등의 이유로 아이에게 애정을 표현하는 일이란 참 쉽지 않습니다. 용기내 표현했는데 아이의 반응이 시큰둥할 때, 내색은 안 하지만 우리의 마음은 상처를 입고 시무룩해지기도 하지요. 말로 하자니 어떤 말을 해야 할지 모르겠고, 행동으로 보여주자니 아이가 제대로 애정을 느끼는지 확신이 서지 않아 답답합니다.

이럴 때는 "엄마가 잘 표현은 못 하지만, 그래도 너를 사랑하는 마음을 전하려고 노력하고 있어"라는 식으로 부모님의 노력 자체를 아이에게 어필하는 것도 좋겠습니다. 그리고 아이와 함께 있는 동안만이라도 아이에게만 집중해주세요. 아이와 보내는 시간의 질이, 아이와 보내는 시간의 양보다 더 중요하기 때문입니다. 이를 위해 비록 하루 20분, 30분 정도의 짧은 시간이라도 핸드폰이나 해야 하는 일은 잠시 내려두고 아이의 표정을 살펴봐주세요.

가족끼리만 공유하는 특별한 애정 표현을 개발하는 것도 좋습니다. 아이가 등원할 때, 혹은 부모님이 출퇴근할 때 하이파이브나, 포옹, 응원의 구호 같은 세리머니, 차를 타고 이동 중에 나누는 수수께끼와 칭찬도 우리 가족만의 작은 즐거움이자, 진한 애정 표현이 될 수 있습니다. 확실한 사실은 애정을 많이 받은 아이일수록 자기 자신을 사랑하기도 쉬워진다는 점입니다. 아이가 자신을 사랑하는 어른으로 성장할 수 있도록 애정을 듬뿍 표현해주세요.

함께 있는 동안만이라도
아이에게만 집중해주세요.

아이와 보내는 시간의 질이,
아이와 보내는 시간의 양보다
더 중요하기 때문입니다.

하루 20분 정도만이라도
해야 하는 일은 잠시 내려두고
아이의 표정을 살펴봐주세요.

신뢰감

서로를 이어주고
유혹을 막아주는 방패

아이와 느긋하게 캐치볼을 해보신 적이 있나요? 저는 부모와 아이가 감정을 주고받는 상황을 캐치볼에 비유하는 경우가 많습니다. 두 상황은 주는 사람과 받는 사람이 서로를 생각해주어야 하는 점, 또 서로 역할을 바꿔가며 진행하는 점, 주고받기를 끊어지지 않게 이어나가야 의미가 있다는 점들이 닮았거든요. 이 책을 읽고 있는 분들도 여러 감정을 마치 캐치볼처럼 아이와 주고받고 있을 텐데요, 이번에는 그 여러 감정 중에서도 이 캐치볼이라는 비유에 가장 잘 맞아떨어지는 감정인 신뢰감에 대해서 이야기해보고자 합니다.

신뢰감이란 일방적인 감정이 아닌 주고받는 감정입니다. 그래서 어느 한쪽만이 아닌 서로에게 어떻게 신뢰감을 줄 수 있느냐를 함께 고려해야 합니다. 이때 신뢰감을 주고받는 순서를 생각해보는 것이 중요합니다. 아이가 캐치볼을 처음 배울 때 부모님이 먼저 부드럽게 공을 던져주며 시범을 보이듯이, 신뢰감에 있어서도 부모가 먼저 믿을 만한 모습을 보여주어야 합니다. 부모님을 믿음직스럽게 여기는 아이일수록 믿음의 소중함을 빨리 깨우치게 되고, 이를 통해 아이도 자신을 향한 부모님의 믿음을 지키기 위해 애쓰게 됩니다.

그렇다면 믿음직한 부모가 되기 위해 어떤 것들을 신경 쓰면 좋을까요?

부모의 능력보다 태도가 중요합니다

아이는 나를 얼마나 믿고 있을까? 문득 어쩔 수 없이 지키지 못한 아이와의 약속들이 떠오르며 속상한 마음이 드나요? 일찍 들어가기로 했는데 갑작스러운 일로 아이가 잠든 뒤에야 집에 도착하게 되었을 때, 주말에 꼭 키즈카페에 데려가기로 했는데 하필 그날이 휴일일 때, 사 주기로 약속한 장난감이 알고 보니 아이 나이대에는 적절하지 않아 다른 걸로 바꿔야 할 때, 그럴 때 아이들은 부모를 향해 거짓말쟁이라고 화를 내거나 울기도 하지요.

하지만 아이에게 못 해준 것들에 대해 너무 걱정하거나 자책할 필요는 없습니다. 아이의 신뢰는 부모의 능력보다 태도에 더 영향을 많이 받거든요. 아이는 어릴수록 부모를 전능에 가까운 존재로 생각합니다. 자신이 바라는 바가 이루어지지 않았을 때의 당황과 실망도 어른보다 클 수밖에는 없습니다. 그렇다고 해서 부모를 믿는 마음이 사라지는 것은 아닙니다. 삶은 경험의 연속이고, 부모가 이런 상황을 다시 만들지 않기 위해 애쓰는 모습만 보여준다면 충분합니다. 그런 경험이 쌓여 '최선을 다했지만 어쩔 수 없는 상황도 있다'라는 것을 알아가게 되거든요.

이때 아이에게 미안하고 급한 마음에 약속을 못 지킨 이유에 대해 긴 설명을 이어가거나, 나도 모르게 지키지 못할 약속을 덧붙이지 않도록 주의해야 합니다.

"엄마도 꼭 여기서 ○○이랑 놀고 싶었는데, 너무 아쉽다. 다음에 와서 뭐 하고 놀면 좋을지 돌아가는 길에 같이 생각해보자."

이런 식으로 아이의 실망감을 공감하면서 아이의 관심을 다음 기회로 부드럽게 돌려주세요. 아이가 원하는 장난감을 못

사서 실망한 그 순간에 대체할 만한 다른 장난감을 사주는 것도 한 가지 방법일 수 있습니다. 하지만 아이들의 경우 어른에 비해 생각의 유연성이 떨어지기 때문에, "이거 내가 아까 사 달라는 거 아니잖아!"라는 이야기가 나올 가능성이 높다는 것도 염두에 두어야 합니다.

기분에 따라 바뀌지 않아야 합니다

우리 집이 램프의 요정 집안이라고 생각해보겠습니다. 다 큰 요정인 나는 아이 요정이 원하는 모든 소원을 눈 한 번 깜박하면 들어줄 수 있지요. 과연 나에게 아이가 바라는 걸 모두 이뤄줄 수 있는 무한한 능력이 있다면 아이는 나를 신뢰할까요? 아쉽게도 답은 '아니오' 입니다.

내 행동에 일관성이 있어야 아이가 나를 믿기 쉬워집니다. 아무리 큰 즐거움을 아이에게 주더라도 이것이 예측 가능한 것이 아니라면 즐거움은 순간에 불과하며, 이로 인해 얻을 수 있는 신뢰는 제한적입니다. 충동적인 육아가 좋지 않은 이유가 바로 여기에 있습니다. 사장님이 오늘 기분 좋다고 보너스를 화확 주는 직장보다는 제때 월급을 주는 직장이 더 믿음직스럽잖아요. 아이도 마찬가지입니다. 더군다나 부모의 행동이 기분에 따라 수시로 바뀐다면 부모가 이전에 지킨 약속들의 의미마저도 희미해지기 시작합니다.

'그때 내 말을 들어준 것도 그냥 엄마 아빠가 기분이 좋아서 해줬나 보다.'

이런 식의 오해를 받게 된다면 그건 참 슬픈 일이 될 것입니다. 상이든 벌이든 이게 아이에게 어떤 영향을 미칠지 미리 생각해보는 것이 중요합니다. 그렇게 된다면 상과 벌의 강도도 부모의 양육관에 맞춰서 조절할 수 있게 되고, 아이에게 규칙을 설명할 수 있는 시간도 벌게 됩니다. 다른 양육자와 의견을 나누고 통일시킬 시간도 생기겠지요. 기분에 따라 충동적으로 너무 과한 상이나 벌을 주면 이를 주워 담아야 할 때가 생겨나기 마련입니다. 이때 부모는 일관성을 잃게 되고 부모에 대한 아이의 신뢰감 역시 떨어지게 됩니다. 상이든 벌이든 화끈한 것이 아이를 크게 변화시킬 수 있다는 생각의 함정에 빠지지 않도록 주의해야 합니다.

표정, 태도, 말이
일치하도록 표현해주세요

쉽게 알 수 있어야 믿기도 쉽습니다. 솔직한 표현, 아이가 이해하기 쉬운 표현을 사용해주세요. 사실 아이에게 비꼬는 표현이나 어른들만이 쓰는 어려운 용어를 섞어가며 말하는 부모는 거의 없을 것입니다. 그런데 아이를 위한다고 한 행동이 오히려 신뢰를 떨어뜨리는 경우가 종종 있습니다.

대소변을 잘 가리던 아이가 그만 유치원에서 실수를 했다고 가정해볼까요? 유치원에 도착해 옷을 갈아입힌 뒤, 아이가 혹시 상처를 받을까 봐 최대한 상냥하게 "그럴 수도 있지, 엄만 괜찮아"라고 말해줍니다. 하지만 이 말을 할 때의 표정이 너무 시무룩하고, 돌아오는 차에서는 무거운 침묵이 흐르게 된다면 어떨까요? 아이는 엄마의 말과 행동이 일치하지 않는다는 것을 금방 알아차리게 되겠지요. 이런 경험들이 쌓인다면 아이는 부모의 위로나 응원을 있는 그대로 믿기 어려워집니다.

그래서 때로는 솔직한 표현이 필요합니다. 아이가 유치원에서 소변 실수를 했다는 연락을 받았을 때 당혹감이나 속상함을 무조건 숨길 필요는 없습니다. 숨기려야 숨겨지지 않을뿐더러, 급하게 감정을 누르다 보면 감정을 달랠 여유가 없기 때문입니다. 오히려 부모의 정리되지 않은 감정의 잔재가 표정이나 태도로 드러나는 게 아이에게 더 안 좋은 영향을 줍니다.

"엄마가 연락받고 많이 놀랐어. 그런데 ○○이도 놀랐을 거란 생각이 들어서 걱정도 되었어. ○○이 잘못이 아니고, 실수도 할 수 있다는 걸 생각하고 나니까 조금 마음이 나아졌어. 집에 도착해서 우리 다시 이야기해보자."

이런 식으로 부정적인 감정이 들었다 하더라도 부모가 먼저 그걸 받아들이고 다루어나가는 모습을 아이에게 보여주는 것도 좋은 방법입니다.

아이의 사소한 표현에도 관심을 보여주세요

아이가 부모의 관심을 많이 받는다고 느낄수록 아이의 신뢰는 커지게 됩니다. 만약 학창시절로 돌아가 진로 상담을 한다면, 나의 소소한 생활에도 관심이 많은 선생님과 평소에 별로 친하지 않은 선생님 중 어떤 선생님에게 상담을 받겠습니까? 같은 능력을 가지고 있더라도 나에게 더 많은 관심을 가지는 사람의 말에 무게가 실리기 마련입니다.

아이의 사소한 표현에도 관심을 보여주고 즉각적인 피드백을 보여주세요. 이것이 쌓인다면 아이와 더 친해질 수 있고, 아이를 위해 더 나은 선택을 할 수 있어 서로 간의 신뢰도도 높아지게 됩니다. 가장 쉬운 방법은 아이가 한 말이나 행동을 기억해두었다가 아이를 믿어주고 응원하는 데 사용하는 것입니다.

보통은 아이가 이전에 했던 실수나 잘못들을 떠올리며 "또 그런다, 또" "너 예전에도 그랬잖아! 그래서 못 믿어!"라는 식으로 말하기가 쉽지요. 하지만 이제부터는 "역시 ○○이는 자동차를 좋아하니까 자동차 그림도 잘 그리는구나" "지난번에 힘든데도 잘 참고 여기까지 걸어갔다 왔지? 오늘은 어디까지 걸어가 볼까?" 하는 식으로 아이가 좋아하는 것, 잘했던 것을 기억해뒀다가 말해주세요. 부족한 부분을 지적해 고치려고 하기보다 관심을 갖고 응원해주는 모습을 보일 때 아이에게 더 많은 신뢰를 얻을 수 있습니다.

믿음직한 부모는 아이에게 많은 것을 선물해줍니다. 부모로부터 솔직한 표현을 많이 접한 아이일수록 친구들에게 자신을 좀 더 솔직히 드러낼 수 있습니다. 부모님이 자신과의 약속을 지키기 위해 노력하는 모습을 보면서 성실한 태도를 배워나가기도 합니다. 믿음직한 부모님을 통해 믿음이 얼마나 소중한 것인지를 좀 더 일찍 깨닫기 때문에, 거짓말을 하고 싶은 마음에도 흔들리지 않게 됩니다. 거짓말로 인해 부모님의 신뢰를 잃고 싶지 않을 테니까요.

아이에게 가족 간의 믿음을 잃지 않도록 잘 지켜나가야 한다는 사실을 가르쳐주세요. 그리고 이런 신뢰감이 아이의 마음속에 잘 뿌리를 내릴 수 있도록 도와주세요. 역설적이게도 서로를 믿기 위해서는 믿음을 통해 불안이나 분노 등의 여러 부정적인 감정이 사그라드는 경험을 해나가는 것이 중요합니다. 누가 나를 믿어줄 때의 행복감은 서로를 더욱 끈끈히 이어주는 접착제이자, 여러 유혹을 막아주는 방패가 됩니다.

편안함

지치지 않고 꾸준히 나아가는 아이의 비밀

쉬는 시간이 생기면 무엇을 하며 지내나요? 막상 뭘 해야 할지 모르겠다든가, 또다시 찾아올 출근을 미리 떠올리며 불편해진 적은 없나요? 제가 종종 그랬거든요. 이럴 때면 어릴 적에 《개미와 베짱이》동화를 읽으며 떠올렸던 의문이 다시금 저를 찾아오곤 합니다. '겨울이 찾아오면 개미들은 대체 무엇을 하면서 지낼까?' 그동안 겨울을 준비하느라 지쳐서 축 늘어져 지낼지, 아니면 다가올 봄을 대비한 계획을 세우면서 지낼지 궁금해지곤 했습니다.

저는 이런 꼬리에 꼬리를 무는 의문들은 나에게 선물로 찾아온 편안함이라는 감정을 어떻게 써야 할지 잘 모르기 때문에 자라났다고 생각합니다. 그래서 이후로는 종종 편안함이라는 감정을 어떻게 써야 할지에 대해 여러 가지로 생각해보게 되었습니다.

편안함은 마치 간식이나 용돈과 같습니다. 잘 벌고, 잘 저축하고, 잘 쓰는 것이 중요하거든요. 아이가 편안함을 잘 벌어서 경제적으로 잘 쓸 수 있게 된다면 가정에도 여러 변화가 생겨납니다. 혼자서도 잘 놀고 잘 쉴 수 있게 되어 부모에게도 더 많은 여유가 생기고, 그 결과 아이에게 좀 더 잘해줄 수 있게 되거든요.

그렇다면 편안함을 잘 벌고, 잘 저축하고, 잘 쓰는 아이로 키우려면 어떻게 하는 것이 좋을까요?

편안함을 잘 버는 방법

첫째, 해야 할 일은 미리 해둬야 편안해진다는 걸 알려주세요.

해야 하는 일이 많거나 여러 가지라고 느낄 때, 아이들은 어른들보다 쉽게 압도됩니다. 또한 앞날을 내다보는 능력이 아직 발달하지 않았기 때문에 당장 어려운 일을 해치워야겠다는 생각보다는 우선 쉬고 노는 쪽을 선택하기 쉽습니다. 이렇게 미루다 보면 해야 할 일들이 쌓이기 마련이고, 부모와 아이 사이에 다툼이 커지게 되지요. 이 과정에서 반복해서 혼이 나는 아이들은 의욕이 떨어지고, 더욱 하기 싫어지는 악순환이 발생합니다. 따라서 할 일을 미뤘을 때의 편안함보다 해야 할 일을 잘 끝마쳤을 때의 편안함이 오래 남도록 신경을 써야 합니다.

둘째, 아이의 능력에 맞춘 목표를 설정해야 합니다.

이는 특히나 불안함을 잘 느끼는 아이에게 중요한데요, 아이가 해야 할 일에 압도되어 쫓기지 않도록 한 번에 할 수 있는 작은 과제들부터 주는 것이 중요합니다. 아이가 현재 '어느 정도의 일을 할 수 있는가'라는 질문을 항상 마음속에 가지고 아이를 살펴봐주세요. 여기서 과제는 꼭 학습과 관련된 활동만이 아닙니다. 반려동물 챙기기, 놀이 공간 정리하기처럼 아이의 좋은 생활습관으로 만들어야 할 활동이라면 어떤 것이든 좋습니다.

셋째, 한 가지를 완수하면 꼭 휴식의 시간을 갖게 해주세요.

아무리 열심히 해도 일이 줄지 않는다는 느낌이 들면 어른도 일할 맛이 싹 달아나잖아요. "어이구 잘하네, 어이구 잘하네!"라는 칭찬 다음에 항상 "그럼 이것도 해볼까?"라는 말이 따라온다면 아이는 '이거 차라리 안 하고 버티는 게 더 편하겠는데'라는 생각을 하게 될 수도 있습니다.

넷째, 해야 할 시간을 설정해주는 것도 중요합니다.

일을 잘하는 게 성취감과 관련이 있다면, 일을 제때 하는 건 편안함과 관련이 있습니다. 물론 제때 잘하는 것도 중요하지만, 너무 잘하려고 하다가 그에 따른 압박감에 일을 시작조차 못 하는 아이들도 많거든요. 매일 해야 하는 일이라면 시간을 정해서 하는 습관을 만들어주세요. 이런 습관이 쌓이면 일의 시작을 방해하는 잡생각이나 짜증이 줄어들고 정해진 시간에 정해진 일을 하는 것이 몸에 배게 됩니다. 이때 아이가 깨어 있는 모든 시간을 다 계획으로 채울 필요는 전혀 없습니다. 단 과제를 하는 시간과 장소는 고정되어 있으면 좋겠습니다.

예를 들어 학교에 들어가기 전, 아이가 처음으로 생활습관을 잡아 나갈 때에는 수면시간부터 일정하게 정하는 것이 좋습니다. 그리고 자기 전에 양치하기, 화장실 다녀오기, 잠에 집중할 수 있도록 주변의 장난감 치우기, 정해진 시간이 되면 방의 불 끄기 같은 수면 의식을 정합니다. 그러면 수면 준비에 드는 시간을 점차 줄여나가는 데 도움이 됩니다. 아이가 할 일을 스스로 다 할 수는 없더라도 조금씩 참여하도록 하는 게 포인트입니다. 이런 요령은 다음 날 학교 준비물 챙기기, 연필 깎아두기처럼 다른 습관을 만들 때도 적용해볼 수 있습니다.

편안함을
잘 저축하는 방법

아이가 대견하게도 할 일을 잘 해주었는데, 기껏 벌어놓은 편안함이 야금야금 새어나가면 안 되겠지요. 편안함을 잘 저축해두어야 다음 일도 잘 해나갈 수 있을 테니까요. 아이가 편안해진 마음을 잘 지켜나가도록 돕는 방법도 알아보겠습니다.

첫째, 미리 걱정하지 않도록 합니다.

학예회를 앞두고 있으면 이미 최선을 다해 준비했음에도 편안히 쉬지 못하고 끊임없이 미리 걱정하는 아이들이 있습니다. 이런 아이에게는 무언가를 잘하려면 잘 쉬는 것도 중요하다는 사실을 말로 가르쳐주어야 합니다. 지금까지 준비한 대로 하면 잘할 수 있다고 응원해주고, 준비가 부족한 부분은 조금 더 연습해보게 하는 것도 좋은 방법입니다.

'걱정하지 말자!'라고 생각한다고 해서 스멀스멀 피어오르는 걱정이 바로 사라지진 않습니다. 잔잔한 음악을 틀어놓으면 주변의 소음에 신경이 덜 쓰이듯 아이가 집중할 만한 다른 단순 활동을 하게 하는 것도 편안함을 저축하는 한 가지 방법입니다. 그림 색칠하기나, 설명에 따라 블록을 조립하는 것처럼 말이지요. 아이가 걱정하는 일과 다른 활동이되, 지나치게 복잡하거나 흥분을 유발하지 않는 것이 알맞겠습니다.

만약 개미와 베짱이 이야기의 배경이, 사계절이 뚜렷하지 않고 언제 겨울이 찾아올지 모르는 나라라면 어떨까요. 겨울이 언제 또 닥칠지 몰라 풍족하게 먹을 것을 모아두었어도 편히 쉬지를 못하겠지요. 이렇게 해야 할 일의 종류나 양이 자주 바뀌거나, 예고 없이 할 일이 갑자기 주어지는 상황은 아이를 불편하게 만듭니다. 반면 일관된 과제는 아이가 스스로 할 일을 다 마치고 놀 계획을 세우는 데도 도움을 줍니다. 그렇게 된다면 아이의 동기 자체가 상승하는 효과를 기대할 수도 있습니다.

편안함을
잘 쓰는 방법

개미들이 모아둔 음식을 겨울맞이 파티에 모두 써버린다면 어떨까요? 더 놀고 싶어서 안 자고 버티는 아이, 종일 쉬지 않고 놀다가 지친 채로 들어오는 아이들이 파티를 여는 개미들과 비슷한 상황입니다. 쉬어야 할 시간까지 노는 데 쓰고 나면 지칠 수밖에 없겠지요. 아이가 다음에 해야 할 일을 위해서 약간의 편안함은 남겨두어야 합니다.

"오늘 너무 신나게 놀면 내일 힘들어져서 재미있게 못 놀게 된단다"라고 말해주세요. 다만 아이들은 쉬는 것과 노는 것이 다르다는 것을 구분하기 어렵고, 설사 구분한다 하더라도 노는 쪽을 선택하기 마련입니다. 놀이 시간에 제한을 두고, 놀이 사이 사이에 휴식을 취하는 법을 가르쳐야 하는 이유가 여기에 있습니다. 더불어 아이의 생활 계획을 잡아나갈 때에도 항상 할 일, 노는 일, 쉬는 일 간의 균형을 생각해야 합니다.

쉴 때는 신체적으로 큰 에너지를 소모하지 않으면서 편안하게 시간을 보낼 방법을 찾아봅니다. 아이들은 아무것도 안 하고 편안하게 쉬는 걸 어려워할 때가 많습니다. 지루하다고 생각하거든요. 놀다가 지치는 문제가 아니더라도, 지루함을 못 견디는 아이들은 자신과 부모를 힘들게 만듭니다. 재밌는 일을 부모에게 계속 요구하니까요. 아이가 배고플 때 꺼내 먹는 간식 주머니처럼 마음속 주머니에서 심심할 때 꺼내 쓸 활동들을 준비해보세요.

이전에 아이가 즐겁게 봤던 동화나 만화를 주제 삼아, 부모와 아이가 번갈아가며 뒷이야기를 만들어나가는 것은 어떨까요? 상상 놀이는 지금 당장 놀거리가 부족한 상황에서도 편안한 시간을 보내는 데 도움이 됩니다. 이외에도 즐거웠던 추억을 이야기하면서 시간을 보내거나, 끝말잇기 같은 간단한 놀이를 즐기는 것도 좋은 방법입니다. 이 과정을 통해서 아이는 지루함을 스스로 달래나가는 법을 배우게 됩니다.

쉬는 것에도 효율이 중요합니다. 할 땐 하고 쉴 땐 쉬는 것을 제대로 하지 못하면, 할 때는 최선을 다하지 못하게 되고 쉴 때는 해야 할 일 걱정에 휩싸여 제대로 쉴 수 없게 됩니다. 할 일을 조금씩 남기는 습관이 생기지 않도록 해주고, 일을 잘하고 못하고를 떠나 끝까지 다 해냈을 때 진심 어린 칭찬을 해주세요. "우리 이제 쉴까?"라는 식으로 쉬는 시간의 시작과 끝을 명확하게 해두는 것도 아이가 휴식의 개념을 익히는 데 도움이 됩니다.

보통 아이가 집에서 보는 부모의 모습은 대부분 쉬는 모습일 때가 많습니다. 부모로서는 회사에서 종일 열심히 일하고 왔거나, 아이와 집안을 돌보는 일로 지쳐 있는 경우가 많을 테니까요. 하지만 그럴 때도 가능한 해야 할 일을 먼저 끝마치고 쉬는 모습을 아이에게 보여주세요. 부모가 간단한 정리나 운동, 집안일 등 해야 할 일을 먼저 하고 나서 푹 쉬기 시작한다면 아이도 '아, 편안함이란 이렇게 쓰는 거구나'라고 느끼게 됩니다.

편안함이라는 감정을 잘 다루면 지치지 않고 꾸준히 나아가는 아이로 성장합니다. 열심히 달리는 법은 배웠지만 쉬는 법을 못 배운 아이들을 볼 때마다, 참 안타까운 마음이 들고는 합니다. 살면서 겪게 될 여러 어려움을 헤쳐나가려면 쉴 때 편안하게 쉴 수 있어야 합니다. 편안함이라는 감정은 아이가 스스로를 잘 돌보고 쉴 수 있는 능력을 키워줍니다. 아이가 편안함을 잘 다루도록 돕는 과정에서 가정 전체에도 편안함이 깃들면 좋겠습니다.

편안함은 마치 간식이나 용돈과 같습니다.
잘 벌고, 잘 저축하고, 잘 쓰는 것이 중요하거든요.

아이가 편안함을 잘 벌어서
경제적으로 잘 쓸 수 있게 된다면
가정에도 여러 변화가 생겨납니다.

혼자서도 잘 놀고 잘 쉴 수 있게 되어
부모에게도 더 많은 여유가 생기고,
그 결과 아이에게 좀 더 잘해줄 수 있게 되거든요.

즐거움

내가 좋아하는 일을 발견하게 해주는 힘

부모가 아이에게 바라는 것 중 가장 중요한 건 무엇일까요? 열이면 열 모두 아이의 행복이라고 이야기할 것입니다. 행복을 보장해주는 조건이나 공식이 따로 있는 것은 아닙니다. 성적도, 인기도, 아이의 행복에 절대적인 요소가 되어주지는 않습니다. 단, 아이의 인생에 즐거움이 가득하다면 그 아이는 행복하게 성장할 가능성은 아주 높아집니다.

그렇다면 어떻게 해야 아이가 진하고 풍부한 즐거움을 느끼면서 성장할 수 있을까요?

즐거움에 있어 가장 중요한 것은 자기 주도입니다. 부모는 아이 스스로 이 즐거움을 발견하도록 도와주면 됩니다. 새로운 것을 경험하고 느낄 때, 어떤 게 재밌고 신기한지, 또 해보고 싶은 것은 무엇인지 아이에게 묻고, 이에 대해 아이가 직접 말해보는 시간을 가져보세요. 당연히 처음에는 표현이 서툴거나 대답이 짧을 수 있습니다. 아빠 엄마가 먼저 자신의 즐거웠던 이야기를 들려주어 아이가 표현하는 방식을 알아가게 하는 것도 좋은 방법입니다. 아이가 즐거움을 다양하게 표현할수록, 즐거움을 느낄 만한 새로운 요소를 발견해낼수록 칭찬을 해주고 추임새를 넣어주세요.

"우와! 진짜? 그래서?"

아이가 즐거움을 스스로 표현할수록, 자신에 대해 더 잘 알 수 있게 됩니다. '아, 나는 이런 걸 좋아하는구나'라는 느낌을 자주 경험하는 것이 중요합니다. 더불어 아이가 남들과 같은 경험을 하더라도 스스로 즐길거리를 더 많이 발견해낼 수 있게 됩니다. 남들에게서 즐거움을 배우던 아이가 남들에게 즐거움을 가르쳐주는 아이로 성장해나가는 첫걸음을 걷게 되는 것입니다.

아이가 즐기는 방식대로 따라가주세요

아이가 즐거움을 느끼는 방식에는 하나의 정해진 정답만 존재하는 것이 아닙니다. 그러니 아이는 꼭 어른이 의도한 방식대로 즐거움을 느끼지 않아도 됩니다. 장난감을 사주었는데 정작 내용물에는 흥미를 보이지 않고 장난감이 담겼던 박스에 들어가 노는 아이를 볼 때, 여러분은 어떠한 느낌이 드시나요? 처음에는 의도를 몰라주는 아이의 모습에 조금 당황스러울 수 있습니다. 혹은 아이가 잘 놀 줄 모른다고 생각해서 안타깝거나 속상한 마음이 들 수도 있습니다. 이때 "거기서 나와서 장난감을 가지고 놀아야지" "박스 지저분하니까 일단 치우자"라고 아이의 흥미를 억지로 제지하지 말아야 합니다.

아이가 재미있어하는 그 순간에 아이가 보이는 감정을 있는 그대로 따라가며 공감해주는 것이 요령입니다. "○○이가 쏙 숨어서 엄청 아늑해 보인다"라고 말하며 아이의 감정을 읽어보세요. "이야, 박스가 보기보다 큰데? ○○이 몸이 쏙 다 들어갔네?" 같은 상황 묘사도 좋습니다. 여기에 더해 "쏙! 쾅!" 같이 아이의 행동에 의성어나 감탄사를 적절히 섞어 추임새를 넣어주면 아이는 더욱 신이 납니다. "엄마, 엄마는 뭐할까?" 이렇게 아이의 바람을 물어보고 아이의 지시에 따라 행동해보는 것도 한 가지 방법입니다. 아이가 놀이를 스스로 만들어나가는 연습이 될 수 있거든요. 이렇게 아이와 보내는 시간은 '박스 놀이'라는 이름을 얻게 되며 아이의 추억은 또 하나 늘어나게 됩니다.

부모가 힘들게 만든 기회일수록, 아이가 이전에는 겪어보지 못한 부모의 깜짝 이벤트일수록 오히려 아이가 즐기는 방식대로 따라가주기가 어렵습니다. 힘들게 휴가를 내 교통 체증을 뚫고 갔는데 주차장 입구에서만 뛰어노는 아이를 볼 때, 또래 친구들과 어울릴 수 있도록 키즈카페에 데려갔는데 혼자서 놀이기구만 유심히 관찰하고 있을 때 부모의 마음에는 여유가 사라집니다. 어서 그곳에 간 목적을 달성하기 위해 아이를 어르고 재촉하며 계획한 곳으로 이끕니다. 하지만 그러는 사이 아이가 느끼는 흥미와 재미는 놓치고 있지 않은지 돌아봐야 합니다.

아이가 즐거움을 이해하는 데에는 어른보다 시간이 걸릴 수도 있습니다. 아이가 새로운 즐거움을 배우는 상황은 부모가 아이에게 새로운 음식을 먹일 때와 비슷합니다. 새로운 맛이 주는 즐거움을 아이가 이해하기까지는 시간이 필요합니다. 그래서 부모가 먼저 먹는 시늉을 하기도 하고, 차분히 권유를 하고 기다리기도 합니다. 반복해서 음식을 접하면서 익숙해질 시간을 주고 같은 재료의 다른 음식을 접하게 해 아이의 반응을 세심히 살핍니다. 아이가 겪게 되는 다른 모든 경험에서도 이런 요령이 필요합니다. 새로운 감정을 경험할 때도 마찬가지입니다. 아이가 새로운 즐거움을 받아들일 때까지 여유를 가지고 지켜봐주세요.

놀이에 약간의 울타리를 만들어주세요

해맑고 사랑스러운 우리 아이도 순식간에 혼돈과 파괴의 화신이 될 수 있습니다. '아이가 즐기는 대로 따라가주자'라는 방침에는 그래서 약간의 울타리가 필요합니다. 아이가 어지르고 망가뜨리고 아무 데나 낙서하는 걸 그대로 지켜볼 수만은 없으니까요. 아이들은 아직 미래를 예측하는 능력이 떨어지는 데다가, 물건이나 아빠의 허리가 부서지면 다시 고칠 수 없게 된다는 것도 모르지요. 그래서 자신의 놀잇감을 지나치게 어지르고, 부수는 일이 자주 생깁니다. 때로는 그 과정에서 주변을 너무 더럽히기도 합니다. 엄마의 바디로션을 쫙쫙 짜서 바닥에 문지르며 놀거나, 물고기 인형을 변기에 빠트리고 물을 내리며 해맑게 웃는 모습. 그런 아이의 모습을 보면 엄마 아빠는 약간은 울고 싶은 심정이 되기도 하지요.

이런 일이 반복되지 않도록 하기 위해서는 아이의 놀이에 약간의 울타리, 즉 제한을 만들어주는 것이 좋습니다.

첫째, 아이는 마음껏 놀고 부모는 덜 힘든 시간과 공간을 마련하세요.

물감으로 여기저기 색칠하는 것을 좋아하는 아이는 목욕할 때 목욕탕 벽에 수채물감으로 칠하는 놀이를 해볼 수 있습니다. 클레이를 좋아하는 아이에게는 책상이라는 제한된 공간을 제시해주고 여기에서만 클레이를 만질 수 있다는 규칙을 알려줍니다. 소리 나는 장난감을 좋아하는 아이와는 잠자리에 누울 때는 가져오지 말기 같은 약속을 하는 것도 좋겠지요.

요령은 아이가 즐거움을 느끼는 포인트를 캐치해서 그걸 유지한 채로 부모에게 타격이 좀 더 덜한 상황으로 무대를 옮기는 것입니다. 그리고 아이가 그 규칙 안에서 노는 데 익숙해지도록 도와주세요.

둘째, 다치지 않는 것이 중요합니다.

아이의 즐거운 놀이가 갑작스럽게 배드 엔딩으로 끝나는 경우는 대부분 힘 조절에 실패했을 때입니다. 재미도 좋지만 누구도 상처를 입어서는 안 된다는 것을 차차 확장해나가며 가르쳐주세요. 처음에는 나와 친구가 다치지 않을 것, 좀 더 자란 뒤에는 장난감 친구들도 다치게 하지 말 것 이런 식으로요. 이를 위해서 어떻게 몸을 쓰고, 힘을 조절해야 할지 알려주세요. 그래야 오래오래 즐겁게 '같이' 놀 수 있다고 말해주세요. 그렇게 하다 보면 친구와 다투지 않고 노는 법도 수월하게 익히게 됩니다.

행동을 조절해서 다치지 않는 데 익숙해진 후에는, 말을 조절해서 상대가 상처받지 않도록 하는 요령을 배워갈 차례입니다. 나에게는 재밌는 말이지만 남에게는 상처가 될 수 있다는 것, 상대를 놀리거나 조롱하는 말은 피해야 한다는 것도 가르쳐주세요.

셋째, 놀이 후에는 제자리에 정리하는 방법을 알려주세요.

재밌게 놀고 난 후에는 아이가 뒷정리에 참여하는 습관을 들여나가는 것이 좋겠습니다. 정리를 잘해야 다음번에도 더 빨리, 더 즐겁게 놀이를 시작할 수 있겠지요. 다만 아이는 아직 주의력을 오래 집중하기에도, 참을성을 오래 유지하기에도 어린 나이입니다. "이거 완벽하게 정리하지 않으면 다음에는 못 놀아!" 같은 규칙은 아이에게 조금 가혹할 수 있습니다.

"블록 박스에 블록을 엄마 하나 너 하나 이렇게 번갈아가면서 담아볼까?"

"엄마가 쓰레기통을 들고 있을 테니까 네가 여기 쏙쏙 종이 부스러기를 넣어볼래?"

이런 식으로 역할을 분담하여 정리를 시작해보면 정리도 놀이처럼 편하게 받아들일 수 있습니다.

아이가 즐거워하는 그 지점을 따라가주고 지켜봐주되 즐거움을 누리기 위해서는 나도 지켜야 할 약속이 있다는 것을 차차 알려주어야 합니다. 이런 울타리가 있을 때 아이들은 안정감을 갖고 즐거움에 더 몰입할 수 있습니다. 지치지 않고 아이와 오랫동안 즐거운 시간을 보내기 위해서라도 울타리는 필요합니다.

혹시 "우리 아이만 즐거우면 난 아무래도 괜찮아"라고 생각하며 다소 힘든 상황을 억지로 즐거운 척 참고 있지는 않나요? 아이의 즐거움도 중요하지만 부모님도 너무 무리하지 않았으면 좋겠습니다. 놀이가 부담으로 여겨진다면 아이에게 진심 어린 반응을 보이기 어려워질 테니까요.

불만족을 표현하는 법도
가르쳐주세요

아이가 느끼는 모든 경험이 꼭 즐거운 것이어야만 할 필요는 없습니다. 부모는 아이에게 행복을 전해주는 사람이지만, 불만족을 가르치는 사람이기도 하니까요. 즐거움이란 주관적인 감정이지, 조건을 충족하면 반드시 답이 나와야 하는 공식 같은 것이 아닙니다. 의도와는 다른 변수가 나와서 일이 잘 안 풀렸을 때, 아이의 취향에 맞지 않는 경험일 때 당연히 아이는 불만을 가질 수 있습니다.

이때 아이에게 지금 왜 즐거워야 하는지를 주입하는 상황을 경계해야 합니다.

"친구들은 이런 거 한번 하기가 얼마나 어려운데 왜 입이 튀어나왔을까?"

"네가 즐거워하지 않으면 선생님이 실망할 거야."

"엄마 아빠가 이거 하게 해주려고 얼마나 고생했는지 알아?"

"즐거운 모습을 보여줘야 친구도 기뻐할 거야."

이렇게 아이가 자기 기분보다는 다른 사람의 기분을 더 의식하게 되는 말을 무심코 하고 있진 않나요? 배려와 예절을 가르치는 것은 즐거움을 느끼는 것과는 별개의 일입니다. 이런 말을 들으면 즐거움은 의무가 되어버리고 자신의 감정에 솔직해지지 못할 수 있습니다. 불만은 표현하지 않도록 하는 것이 아니라 표현하는 방법을 가르쳐주는 것이 중요합니다.

불만이란 가족 모두의 목표를 이루기 위해 제시하는 건의 사항 같은 것이어야 합니다. 상대를 비난하거나 화나게 만드는 것이 목적이 되어버리면 아이의 불만이 가족 간의 다툼으로 번지겠지요. 다만 아이가 어른의 눈높이에 맞춰 불만을 표현하기에는 아직 어려움이 많습니다. 아이가 다소 버릇없이 불만을 표현하더라도 혼내기보다는 아직 자전거를 못 타는 아이가 실수로 넘어졌을 때처럼 생활에 필요한 기술을 가르치듯 아이를 대해주세요.

"다음번에는 이렇게 말해야 엄마가 네 맘을 더 잘 알아줄 수 있어."

아이가 어른이 납득할 수 있는 설명이나 대안을 제시할 필요도 없습니다. 다만 "아 몰라!" "엄마 때문이야!" "그냥 싫어!" 같이 대화가 끊기는 몇 가지 말들을 최대한 피하면서 대화를 이어나가는 것이 중요합니다. '나는 이게 맘에 안 드는데, 왜 맘에 안 드는지 모르겠어' 정도만 되어도 부모가 아이의 마음을 읽어주기 훨씬 수월합니다.

즐거움을 스스로 발견할 수 있는 아이가 강한 어른으로 성장합니다. 어른이 되어갈수록 힘든 경험들은 늘어갑니다. 옛날에는 재밌고 신기했던 세상에 별다른 흥미를 느끼지 못하게 되는 시간들도 늘어납니다. 힘든 감정을 다룰 때, 이를 지우고 잊는 것보다는 즐거움이라는 물감으로 덧칠하는 것이 훨씬 수월합니다. 이걸 잘하는 어른일수록 마음의 힘이 튼튼해 고난을 더 오래 잘 버틸 수 있습니다.

무엇이 나를 진짜 즐겁게 하는지, 어떻게 하면 이 즐거움을 손에서 놓치지 않을 수 있을지, 이런 의문들에 대한 답은 바로 어린 시절의 자신이 찾아낸 즐거움들이 가지고 있습니다.

뿌듯함 나의 장점을 알고
스스로를 응원하는 원동력

신체 발달에 꼭 필요한 필수 영양소가 있는 것처럼, 우리 아이 마음의 성장에도 꼭 필요한 감정들이 있답니다. 그 감정들 중 제가 가장 중요하게 생각하는 것은 뿌듯함, 즉 성취감입니다. 성취감은 자신이 해야 할 일을 지속할 수 있게 해주는 원동력이기 때문이지요. 성취감을 자주 느껴온 아이는 성인이 되고 난 뒤 부모가 더 이상 옆을 지켜주지 못하는 상황에서도 남들보다 잘 지치지 않습니다. 반대로 성취감을 많이 경험해보지 못한 아이는 자신의 가치를 낮게 평가하기 쉬우며, 자신에게 필요한 목표를 스스로 세우기 어려워하지요. 따라서 부모는 아이에게 성취감을 많이 경험할 수 있는 환경을 마련해주어야 합니다.

성취감의 형성에는 칭찬이 매우 중요합니다. 아이가 성취감을 느끼려면 자신이 잘한 점을 스스로 찾아낼 수 있어야 합니다. 그런데 아이들은 자기 자신에 대해 평가를 내리는 것 자체를 어려워합니다. 시작부터 막히는 셈이지요. 그래서 스스로의 장점을 찾아내고, 자신이 한 일이 왜 훌륭한지 알기 위해서는 부모의 도움이 필요합니다. 부모의 애정 어린 칭찬을 돋보기 삼아 아이들은 자신의 장점을 찾아내게 되거든요. 또한 '나는 칭찬을 받을 만한 아이구나' '나는 좋은 아이구나'라고 느끼며 자신감을 갖게 됩니다.

하지만 초보 부모들은 아직 칭찬의 말이 익숙하지 않고, 어떤 점을 주의해야 할지 몰라 난감하지요. 그리 대단한 칭찬 기술이 필요한 것은 아니랍니다. 다음의 4가지만 기억해주세요.

칭찬 습관1
잘한 것을 구체적으로 칭찬해주세요

"아이구, 우리 ○○이는 정말 최고."
"○○이는 너무 대단한 아이야."

"○○이는 뭐든 잘 해내지."

아쉽게도 이런 식의 막연하거나 과장된 말은 칭찬의 진정성이 의심되기도 하고, 아이가 자신의 장점을 스스로 찾아내는 데에도 큰 도움이 되지 않습니다. 막연한 칭찬보다는 구체적인 칭찬, 특히 아이가 과거보다 어떻게 발전했는지 칭찬해주는 것이 좋은 칭찬입니다.

이때 칭찬의 대상이 꼭 아이가 한 행동의 결과일 필요는 없습니다. 아이의 선한 의도나 부드러운 태도, 꾸준한 노력도 좋은 칭찬 거리가 될 수 있지요.

"○○이가 지난번에 칠한 거보다 더 색도 많이 사용했네? 우와 이런 곳까지 칠하기 시작했어?"

이런 식으로 일의 과정, 즉 이전보다 나아지고 있는 상태에 대한 칭찬을 많이 받은 아이는 자기가 한 일의 결과에 일희일비하지 않게 됩니다.

또한 자연스럽고도 디테일한 칭찬을 자주 해주기 위해서는, 아이가 장점을 발휘할 만한 환경을 만들어주는 것도 중요합니다. 종이 오리기, 붙이기를 좋아하는 아이라면 정기적으로 공작 시간을 마련해주고, 요리를 좋아하는 아이와 밀키트로 음식을 만들어보는 것처럼요.

말과 행동에 진심을 듬뿍 담아 칭찬해주세요

어느 날 아이가 유치원에서 만든 공작물을 가지고 와서 "이것 보세요" 하고 내밀었다고 생각해볼까요? 그런데 막 퇴근해와서 지친 데다가 핸드폰 메시지를 확인하던 중이라서 흘깃 보고는 "우와 잘 만들었네"라고 칭찬을 건넸습니다. 순간 아차싶어 아이를 돌아보니 실망한 표정으로 자기가 만든 작품을 들여다보고 있습니다. 속상한 상황이지요.

사실 아이를 칭찬할 때는 다소 과하다 싶을 정도의 에너지를 싣는 노력이 필요합니다. 보통 부모들은 칭찬에 담는 에너지와 혼낼 때 담는 에너지 사이에 균형이 안 맞는 경우가 많습니다. 칭찬할 때는 목소리 톤에 특별한 변화가 없고, 눈도 오래 안 마주치고, 별 다른 제스처가 없는데, 혼낼 때는 아주 진심을 담아서 몰아붙이는 상황이 자주 벌어지곤 하죠. 그러면 아이는 속으로 '엄마 아빠가 하는 칭찬은 진짜가 아니고, 나 기분 좋아지라고 해주는 말일 뿐이야'라고 오해하기 쉽습니다.

칭찬도 음식이나 시간처럼 양보다 질이 중요하다는 점을 기억하세요. 사실 매번 심혈을 기울여 칭찬하는 것은 어떤 부모에게나 다소 부담되는 일입니다. 대신 한번 칭찬할 때 진심을 담아 칭찬해주세요. 칭찬을 받고 기뻐할 아이의 모습을 떠올리면서요. 진심을 담은 칭찬에 추가로 하이파이브나 포옹, 댄스 같은 우리 가족만의 제스처, 세러머니가 곁들여진다면 아이는 칭찬받는 상황을 더욱 즐길 수 있습니다. 이때 '아, 내가 생각해도 참 잘했어'라는 생각이 바로 뿌듯함을 느끼는 첫걸음입니다.

칭찬 습관3
칭찬에 지적이 섞이지 않도록 주의해주세요

"아이구, 잘했어. 그런데 이걸 이렇게 한 건 좀 아쉽네?"

이처럼 칭찬 끝에 아이가 고칠 점을 한마디 덧붙이는 것은 좋지 않습니다. 칭찬에 뒤이은 지적은 칭찬의 효과를 반감시킵니다. 직장 상사나 회사 선배에게 비슷한 경험을 해본 적이 있다면 바로 이해가 될 것입니다.

"김 대리는 이건 잘하는데 말이야…."

이렇듯 오디션 프로에 참가한 프로듀서의 시각으로 아이를 보고 있진 않은지 돌아봐야 합니다. 부모라면 아이에게 공감도 해주고, 모자란 부분도 가르쳐주고, 해주고 싶은 것들이 너무 많습니다. 다만 이런 마음을 너무 급하게 표현해버리면 칭찬과 지적이 한 번에 마치 세트처럼 아이에게 전달되게 됩니다. 그러면 아이는 칭찬을 받을 때 '아, 이제 뒤이어서 지적을 받겠구나'라고 느껴 칭찬을 마음껏 누릴 수 없게 됩니다.

아이가 잘한 일이 있다면 온전하게 칭찬만 해주세요. 그래야 칭찬을 들은 아이가 뿌듯함을 좀 더 깊이 느낄 수 있습니다. 내가 칭찬을 왜 받았는지, 앞으로 어떻게 하면 칭찬을 더 받을 수 있을지에 대해서도 생각해볼 수 있습니다.

> ### 칭찬 습관4
> **스스로를 칭찬하는 기술을 알려주세요**

자신감을 길러주기 위해서는 "나 이거 잘했어요"라고 말하는 자랑의 기술도 알려주는 것이 좋습니다. 사실 일부 부모들은 아이가 잘난 척을 하거나 튀는 행동을 하면 다른 사람들이 아이를 싫어하게 될까 봐 걱정하기도 합니다. 하지만 적당한 자기 자랑은 칭찬받을 기회를 더 갖게 해주고, 아이가 자신의 장점을 스스로 깨닫게 하는 효과가 있습니다. 또한 '다하고 나서 자랑하고 칭찬받아야지' 하는 마음처럼 하던 일을 마쳤을 때의 성취감을 미리 그려볼 수 있게 됩니다. 할 일을 좀 더 즐겁게 하도록 만들어주고 어려움도 더 잘 견디게 하는 효과가 있지요. 자랑이라는 것 자체가 스스로 잘한 부분, 인정받을 만한 부분을 발견할 수 있어야 할 수 있는 것이기 때문입니다.

자랑의 기술을 키우는 요령은 바로 부모의 맞장구와 추임새입니다. 아이가 잘 못 먹던 반찬을 먹고 우쭐해졌을 때, 처음에는 가기 무서워하던 체육 교실을 다녀와서 뿌듯해할 때, 혼자서 열심히 블록을 조립하고서는 씨익 웃을 때, 이럴 때 아낌없는 리액션과 추임새로 아이의 기를 살려주세요. 좋아하는 영화배우의 팬미팅, 꼭 만나고 싶었던 작가의 북콘서트, 기대했던 전시회에서 도슨트의 설명을 듣는 관객의 마음이 되어 아이를 바라봐주세요.

"이 작품의 의도는 뭐죠?"

"이때 기분은 어떠셨나요?"

"와, 대단해요! 그건 몰랐네요!"

아이가 자기도 몰랐던 자기의 좋은 의도와 좋은 결과를 부모의 리액션을 통해 알게 되는 것, 그리고 알게 된 그 사실을 아이 스스로 말하고 그것에 대한 기쁨을 함께 나누는 과정이 자랑의 첫걸음이 되어준답니다. 이때 자랑하기 연습도 시킬 겸 더 칭찬받고 싶은 게 있는지 아이에게 직접 물어봐도 좋습니다.

다만 아이가 남들의 부족한 점과 비교하며 자신을 자랑하지 않도록 신경 써주어야 합니다.

"엄마 쟤는 아직 야채도 못 먹는대!"

"나는 달리기도 쟤보다 훨씬 빠른데."

"쟤는 아직 알파벳 다 못 외웠대!"

이럴 때에는 "엄마는 우리 ○○이가 영어 공부를 계속 좋아해주는 것이 참 대단하다고 생각해" 혹은 "그럼 친구가 달리기를 잘하려면 어떻게 도와주면 좋을까?"라는 식으로 이야기해보세요. 아이가 세상의 기준에 따라 경쟁하는 것은 조금 천천히 배워도 좋겠습니다. 다른 사람의 부족함보다는 자기 자신의 발전에 더 관심을 둘 수 있도록, 자신의 장점으로 남을 돕는 방법을 찾아볼 수 있도록 이끌어주세요.

슬프게도 아이가 커 갈수록 칭찬받을 기회가 줄어들 수밖에 없습니다. 그러니 작은 순간도 놓치지 말고 할 수 있는 한 자주 에너지를 듬뿍 실어 칭찬해주세요. 이를 통해 아이는 자신의 장점을 발견하며, 스스로를 응원하는 아이로 성장할 수 있습니다.

아이가 성취감을 느끼려면
자신이 잘한 점을 스스로
찾아낼 수 있어야 합니다.

그런데 아이들은 자기 자신에 대해
평가를 내리는 것 자체를 어려워합니다.
시작부터 막히는 셈이지요.

스스로의 장점을 찾아내고,
자신이 한 일이
왜 훌륭한지 알기 위해서는
부모의 도움이 필요합니다.

부모의 애정 어린 칭찬을 돋보기 삼아
아이들은 자신의 장점을 찾아내게 됩니다.

5장

부모가 빠지기 쉬운
함정들

어른의 시각에서
평가하고 있지는 않나요?

아이는, 특히 취학 전의 아이는 어른과 다른 점이 많습니다. 부모가 이 다른 점에 대한 이해가 부족할 때 양육에는 여러 애로사항이 생깁니다. 이미 마음의 그릇이 어느 정도 완성된 어른의 시각에서 아이를 바라보면, 당연히 아이의 발전 과정이나 노력보다는 불완전한 모습, 부족한 결과만 두드러지게 인식하게 됩니다. 그 결과 아이에게 칭찬보다는 비난이나 지적을 하기 쉬워집니다.

또한 아이를 자기 자신과 동일시한 나머지 아이가 나와는 다른 존재, 아직 변화의 가능성이 큰 존재라는 사실을 망각하게 됩니다. 그래서 어른이 된 후에도 지금과 같은 모습일 거라고 여기며 아이의 미래가 마치 이미 정해진 것처럼 착각하고 맙니다. 그로 인해 어떤 부모는 아이에게 과한 비난이나 통제를 하기도 하지요.

더불어 시대는 시시각각 변화하고 있는데도 부모 자신이 자라던 시대의 관점으로 아이를 바라보는 경우도 많습니다. 이런 경우 아이는 친구와는 달리 자신에게만 주어지는 불만족스러운 기준에 억울함을 느끼게 되지요. 바로 이 억울함이 부모 자녀 간의 갈등으로 이어지기도 합니다. 따라서 부모는 아이의 마음이 어른과 어떻게 다른지에 대해 알고자 노력해야 합니다.

아이는 자기 중심성이 높습니다

아이들은 아직 다른 사람의 입장에서 생각하는 능력이 완전히 발달하지 않았습니다. 내 마음속의 목소리가 너무 커서 주변 상황이나 다른 사람의 입장은 잘 느끼지 못한다는 의미입니다. 주위 사람들의 입장까지 다 알고도 자신의 이익만을 추구하는 이기적인 사람과는 차이가 있지요. 이처럼 아이는 자기 중심성이 높기 때문에 자신이 원하는 것을 얻지 못할 경우 마음속에 그로 인한 분노와 실망이 가득 차게 됩니다. 그래서 부모가 어쩔 수 없는 상황이었다는 것도 이해하기 어렵고, 여기서 화를 내봤자 오히려 내 손해라는 사실도 떠올릴 수 없습니다.

이런 상황에서는 아무리 설명을 하거나 설득을 해도 아이가 쉽게 진정되지 않고, 소위 밀하는 떼를 쓰기 쉽습니다. 따라서 이럴 때는 아이의 마음속에 가득 차 있는 감정부터 가라앉힌 이후에 대화를 이어나가는 것이 좋습니다. 그 방법은 다음과 같이 정리해볼 수 있습니다.

첫째, 아이의 말을 충분히 들으며 감정을 읽어준다.

둘째, 현재의 장소에서 다른 장소로 옮긴다.

셋째, 다른 소재를 가지고 이야기하며 아이의 주의를 일시적으로 돌린다.

넷째, 허용 가능한 수준에서 적당히 아이가 원하는 것을 들어주고 대화를 이어나간다.

다만, 아이가 원하는 것을 들어줘야만 할 경우에는 '아, 짜증을 내면 원하는 걸 얻을 수 있구나' 하고 잘못된 인식이 강화될 수 있다는 점에 주의한다.

아이는 강경한
흑백 논리자입니다

아이는 아직 모호한 것이나 복잡한 것을 마음속에서 다루기 어렵습니다. 또한 한 가지 일을 진득하게 마음속에 붙잡아두고 생각하는 것도 힘들어합니다. 그래서 '내 편 vs 남의 편' '나를 사랑한다 vs 나를 사랑하지 않는다' '약속을 지킨 것 vs 안 지킨 것'과 같이 흡사 흑백논리자와 같은 사고를 하게 됩니다. 이 때 '아냐, 그거 아냐!'라고 말해봤자 아이는 받아들이기 어렵습니다. 애초에 논리적인 추론이나 사실이 아니라 감정에서 출발한 경우가 많기 때문에 이해시키려고 노력하는 과정에서 오히려 아이의 기분은 더 상하고 다툼만 점점 커지게 됩니다. "어쨌든 내가 원하는 걸 안 해줬잖아!"라는 말이 아이로부터 도돌이표처럼 돌아올 뿐이지요.

이때 주의할 것은 아이의 틀린 논리를 지적하거나 부정하지 않는 것입니다. 논리적인 접근은 생략하거나 꼭 필요한 경우 간결하게 이유를 전달하고 대신 아이의 마음이 어떤지 묻는 질문을 하는 것이 좋습니다.

"아, 엄마가 네 편이 아닌 거 같아? 그래서 많이 화가 났구나."

"이전에도 그런 기분을 느꼈던 적이 있었어?"

"같은 편이라면 어떻게 해줬을까?"

"엄마가 너한테 왜 그런 것 같아?"

이렇게 아이의 마음을 알아주고, 기분이나 생각이 어떤지 물어보는 질문을 통해 흑백논리의 틀에서 빠져나오도록 이끌어 줄 수 있습니다.

좋은 관심과 나쁜 관심을 구별하지 못해요

아이는 관심받는 것을 정말 소중하게 여깁니다. 모든 아이에겐 누군가의 보살핌이 필요한데, 보살핌을 받기 위해 필수적인 첫 단추는 다른 사람들의 관심을 끄는 일입니다. 그래서 아이는 방긋 웃기, 엉엉 울기, 물건 어지르기 등 여러 행동을 해보며 어른들의 관심을 끌려 시도하지요. 그리고 이런 관심 다음에 편안함, 즐거움이 따라온다는 것을 경험합니다. 이런 경험이 반복되며 아이에게는 여러 가지 표현 방식이 일종의 생존 스킬이자, 외부와의 소통을 이끄는 알림 메시지라는 생각이 싹트게 됩니다.

어른은 칭찬과 인정 같은 좋은 관심을 추구하고, 비난과 조롱 같은 나쁜 관심은 멀리하려 합니다. 그런데 아이들은 남들에게 받는 관심이 워낙 소중하다 보니, 일단 남들에게 큰 관심을 끌기만 하면 나머지는 개의치 않는 모습을 보이는 경우가 많습니다. 관심을 위해 때로는 일부러 우스꽝스러운 실수를 하거나, 동생을 꼬집고, 물건을 어지릅니다. 하지 말라고 큰 소리로 주의를 주고 혼도 냈는데 자꾸 이런 행동을 반복합니다. 아이의 입장에서는 혼나는 것 자체가 관심을 끄는 데 성공했다는 만족감을 주기 때문입니다.

따라서 부모는 아이가 아무 문제 없이 잘 지낼 때, 해야 할 일을 조용히 잘 해내고 있을 때 자신도 모르게 아이에 대한 관심을 거두지 않는지 생각해보아야 합니다. 아이로서는 늘 관심이 필요한데, 스스로 잘하고 있을 때는 관심받지 못한다면 당연히 관심을 끌기 위한 다른 방법을 궁리하게 됩니다. 그리고 애석하게도 관심을 가장 쉽고 강하게 끄는 방법은 소위 사고를 치는 방법인 경우가 많습니다. '아, 뭔가 말썽을 일으켜야지 관심을 받는구나'라는 생각을 갖고 초등학교에 입학한다면 아이의 학교생활과 가정의 평화에 큰 위기가 닥치겠지요? 이런 상황을 피하기 위해라도 아이에게 긍정적인 관심을 미리미리 주는 것을 잊지 말아야 합니다.

"동생이랑 사이좋게 잘 지내고 있구나! 의젓하네!"
"집중해서 열심히 그림을 그리고 있구나. 대단하다!"

이런 식으로 말입니다. 만약 아이의 일상적인 행동을 매번 칭찬하는 것이 부담스럽거나 다소 부자연스럽게 느껴진다면 아이의 상태에 대한 궁금증을 표현하는 아래와 같은 말들로 관심을 표현해주는 것도 좋습니다.

"지금 뭐 만들고 있는 거야?"

"혹시 심심하지는 않니?"

"무슨 생각 하고 있었어?"

아이는 지금 이 순간만을 삽니다

현재에 충실한 것이 좋은 삶이라고들 합니다. 과거에 미련을 가지거나, 미래를 미리 불안해하지 말고 행복해지라는 의미입니다. 그런데 아이의 경우는 조금 다릅니다. 분명 아이는 초지일관 지금 현재만을 사는 모습을 보여주는데, 그 여파로 본인과 부모가 힘들어지는 경우가 많습니다. 아이가 현재에 충실한 이유는 어른에 비해 과거는 쉽게 잊고, 미래에 대해 미리 생각하기 어렵기 때문입니다. 그런 아이를 가르치고 변화시키기 위해서는 지속적으로 반복해서 이야기해주어야 합니다. 아이가 안 바뀌는 것은 부모의 말을 무시해서, 혹은 미련해서가 아닙니다. 단지 과거의 경험과 미래에 일어날 일을 현재와 연결시키는 데 좀 더 긴 시간이 걸리는 것뿐입니다.

아이의 이런 특성을 잘 알고 있더라도 순식간에 휘발되는 아이의 기억이나, 한 치 앞도 못 내다보는 아이의 행동을 보고 있자면 부모의 속은 부글부글 끓어오르기 마련이지요. 그래서 아이가 반드시 기억하고 실행하길 바라는 일이 있다면 아이가 어떻게 느끼는지, 앞으로 어떻게 하고 싶은지 등을 구체적으로 물어보는 것이 중요합니다. 이 과정을 통해 아이는 조금이나마 자신의 과거와 미래를 생각하며 지금의 경험을 마음속에 새기는 연습을 할 수 있거든요.

"너 잘못했지?"

"네."

이런 문답으로는 아이가 정말 내 이야기를 제대로 소화했는지, 혹은 억울함을 느끼는지 알 수 없습니다. 그보다는 지금의 이 경험과 기억이 휘발되어 사라져버리지 않도록 이렇게 말하는 것이 더 좋겠지요.

"전에 ○○이가 동생을 때렸을 때 엄마 마음이 어떻다고 했지?"

"앞으로 또 이런 상황이 찾아오면 그때는 어떻게 하고 싶니?"

아이는 감정이
자주 넘칩니다

아이는 자기감정에 쉽게 휩쓸립니다. 감정의 영향을 쉽게 받다 보니 분명 이전에 알던 사실도 강렬한 감정에 휩쓸려 쉽게 잊곤 합니다. 예를 들어 학교에 늦어 지각할까 봐 불안해지면 길을 건널 때는 좌우를 살펴야 한다는 사실을 잊게 되지요. 또한 아이가 부정적인 감정에 휩쓸린 채로 상황을 파악하게 되면 객관적인 판단 능력을 잃고 현재의 상황을 위협적인 것으로 오해하기도 쉬워집니다. 부모는 단지 단호하게 잘못을 가르쳐줬을 뿐인데, 아이는 억울함과 두려움에 휩싸여 '엄마 아빠가 나한테 갑자기 화냈어!'라고 생각하는 것처럼요.

감정적인 부담에 휩쓸린 아이는 과한 언행을 하게 됩니다. 강한 압력에 짓눌린 스프링이 강하게 튀어 오르듯이요. 감정으로 인한 부담을 견뎌낼 수 있어야 말이나 행동도 좋게 나올 수 있는데, 괴로운 마음에 압도된 아이가 그 부담을 내려놓아야겠다는 성숙한 생각을 하긴 당연히 어렵겠지요. 그래서 감정을 말로 잘 표현하는 법을 연습시키려고 해도 "몰라" "그냥" 같은 대답이 되돌아오는 경우가 흔한 것입니다. 부모의 인내와 가족 모두의 연습이 필요해지는 시점입니다.

과연 어떤 연습이 아이의 감정 다스리기에 도움이 될 수 있을까요?

부모가 해야 할 연습부터 이야기해보겠습니다. 아이가 자신의 감정을 말로 표현했을 때 이를 아낌없이 칭찬하고 격려해주세요. 아이에게 솔직히 감정을 표현하는 일은 매우 어려운 숙제입니다. 말하면서 괴로운 기억을 다시 떠올려야 하고, 이 말을 듣고 부모님이 보일 반응도 걱정되니까요. 그 어려운 일을 용기내어 시도하는 아이에게 내 마음을 표현하는 것만으로 부모님은 기뻐한다는 인상을 심어주세요.

"○○이가 속마음을 이야기해줘서 정말 고마워."

"이렇게 말로 표현해주니까 엄마가 우리 ○○ 마음을 더 잘 알 수 있게 되었네, 기쁘다."

"엄마 아빠도 이럴 때는 속 이야기를 꺼내기가 어려운데, ○○이 대단한데?"

아이가 표현하는 감정에 공감하는가 아닌가와는 별개로, 감정을 표현해냈다는 사실 자체에 대한 응원이 필요합니다.

아이에게 자신의 감정이 어느 정도인지 감정의 강도를 표현하는 방법을 연습시켜주세요. 목욕탕에 갔는데 탕이 딱 2개, 펄펄 끓는 열탕과 얼음장 같은 냉탕만 존재한다면 어떨까요? 편안하게 여유를 즐기며 몸을 씻으려던 기대는 무너지고 목욕탕은 불편한 곳이라는 생각을 갖게 되겠지요? 감정도 마찬가지입니다. 아직 극단적인 감정 표현이 더 익숙하고, 감정의 온도차를 구분하기 어려운 아이에게는 감정의 강도를 세분화하여 표현하는 방식을 가르쳐주어야 합니다. 그래야 감정을 말로 표현하기 더 수월해지고 감정에 그대로 휩쓸리는 일이 줄어듭니다.

신호등이나 온도계에 비유해 감정의 정도를 표현하는 것도 한 가지 방법입니다. 신호등에 비유한다면, 편안한 감정은 초록불, 아주 화가 나거나 짜증이 나면 빨간불, 그 사이의 감정은 노란불로 표현하는 것이죠. 이렇게 내 감정을 정확히 인지한 후에는, 어떻게 하면 마음을 다시 평화로운 초록불 상태로 되돌려놓을 수 있을지도 이야기해볼 수 있습니다. 마찬가지로 감정을 온도계에 비유한다면, 감정의 강도가 클수록 100, 작을수록 0에 가깝게 표현하는 것입니다. 이건 어른에게도 적정한 감정의 온도를 찾아가는 데 좋은 연습 방법이 되어줍니다. 이밖에 분노면 분노, 슬픔이면 슬픔 등 한 가지 감정을 주제 삼아 과거의 경험과 비교해 감정의 강도를 구분지어보는 연습도 아이와 해볼 수 있습니다.

"음, 그때 화난 거랑 지금 화난 거랑 뭐가 더 속상했어?"

"어떤 것 때문에 지난번보다 더 속이 상한 것 같아?"

아이에게 무언가를 가르쳐줄 때에는 아이의 발달 수준을 고려해야 합니다. 아동발달 분야에서 연령별로 구분짓는 뚜렷한 발달의 특징들이 분명히 있지만, 감정을 포함한 인지기능의 발달의 경우 아이들마다 개인차가 매우 크게 나타납니다. 심지어 아이의 발달은 계단식으로 이뤄지는 것이 아니라, 성장과 후퇴를 반복하는 양상을 띄거든요.

엄마와 떨어져서 잘 자던 아이나 밤에 소변을 잘 가리던 아이가 엄마가 아파서 오랜 기간 입원하거나, 동생이 태어난 이후로는 혼자서 못 자고 실수하는 일, 조리 있게 자기 생각을 잘 말하던 아이가 유치원을 옮기고 난 이후부터 아무 말도 안 하는 일 등이 그런 현상의 예입니다. 아이가 안 하는 것인지, 못 하는 것인지 판단하기란 참 어려운 일입니다. 따라서 부모의 관심과 관찰이 매우 중요합니다. 내 아이의 발달 수준을 알아야 그에 맞게 대응해줄 수 있으니까요.

이제 곧 피어날 준비 중인 꽃봉오리를 열매의 입장에서 평가하는 것은 너무 가혹한 일입니다. 특히 취학 전 아이들의 경우 앞에서 말한 5가지 인지적 특징이 짙게 드러나는 시기이니만큼 좀 더 주의를 기울이는 것이 좋겠습니다. 어른과 아이의 마음이 갖는 이런 차이점만 잘 이해해도 아이에 대한 불필요

한 실망과 분노는 훨씬 줄어들고, 아이의 입장을 더 잘 이해해
주는 좋은 부모가 되어줄 수 있습니다.

공감해야 할 때
분석하고 있지는 않나요?

분석보다 공감이 우선입니다.

"엄마! ○○이가 또 나한테 시비 걸었어!"

"그런데 △△야, 엄마가 이야기를 들어보니까, 너도 화난다고 그렇게 한 건 잘못된 거야."

"아! 엄마아아!"

"너는 엄마가 말하는데 태도가 그게 뭐니!"

엄마는 아이의 틀린 생각을 바로잡아주고, 앞으로는 어떻게 행동해야 할지 가르쳐주고 싶었을 뿐입니다. 하지만 아이의 반응은 협조적이지 않았고, 자칫하면 새로운 다툼이 벌어지기 직전의 상황이 발생하게 되었습니다. 어째서 이런 일이 생긴 걸까요? 그 답을 찾는다면, 많은 부모들이 궁금해하는 '내 말은 틀린 게 없는데 왜 아이는 내 말을 안 들을까?'라는 질문에 대한 답도 찾을 수 있을지 모릅니다.

아이가 말을 잘 듣지 않는 이유

모든 대화에는 감정의 영역과 논리의 영역이 따로 있습니다. 감정의 영역에서 활약하는 대화의 기술은 공감이며, 논리의 영역에서 활약하는 것은 분석입니다. 아이와의 대화에서 생기는 문제는 주로 감정의 영역에서 다루어야 할 것을 이성의 영역에서 다룰 때 발생합니다. 아이의 감정에 공감해주어야 할 때 공감 대신 상황을 분석하는 경우이지요.

부모는 아이의 문제를 빠르게 해결해주고, 아이가 앞으로는 현명하게 행동하도록 이끌어주고 싶습니다. 그래서 반사적으로 아이가 하는 이야기가 맞는지 틀린지, 아이의 행동이 옳은지 그른지부터 분석하고 이에 대한 답을 아이에게 가르쳐주려고 하지요. 그 결과 아이는 자신이 이해받지 못한다는 느낌을 받으며 마음속으로 부모에 대한 서운함을 갖게 됩니다. 상황이 이렇게 되면 부모가 아무리 올바른 방법을 가르쳐주려고 해도 그 말은 아이에게 흡수되기 어렵습니다.

그렇다고 아이의 감정에 공감하기 위해 아이의 행동을 다 맞는다고 해줘야 할까요? 먼저 아이의 감정에 공감하는 것과 아이의 행동을 허용하는 것은 다르다는 사실을 알아두어야 합니다. 어른의 경우로 바꾸어 생각해볼까요?

데이트를 위해 화사하게 꾸미고 나온 여자가 있습니다. 그런데 화창하던 날씨가 갑자기 흐려지더니 험한 바람까지 불기 시작했습니다. 미용실에서 예쁘게 한 머리는 다 헝클어지고, 스커트가 자꾸 바람결에 뒤집히기까지 했죠. 점점 마음이 불편해져 표정도 어두워져갑니다. 하필 이런 날씨에 데이트를 잡은 남자친구가 슬슬 미워지고 있는데, 마침 저 멀리 헐레벌떡 남자친구가 뛰어옵니다.

"왜 이제 와? 하필 이런 날 오자고 해서 이게 뭐야? 데이트고 뭐고 당장 집에 가고 싶은 기분이라고!"

남자친구는 당황스럽습니다. 자기가 좀 늦긴 했지만 이렇게까지 화낼 일인가 싶습니다. 이런 상황에서는 대개 "내가 실내에서 데이트할 만한 데 바로 검색해볼게"라는 해결책을 가장 먼저 제시할 가능성이 큽니다. 하지만 이때 중요한 것은 공감과 해결 방안을 분리해서 이야기하는 것입니다. 예컨대 "엄청 속상한가 보다. 왜 이렇게 화가 났을까?"라는 말로 기분을 공감해주어 여자친구가 자기의 감정을 우선 꺼내놓도록 합니다. 그런 다음 "그런데 이렇게 오늘 하루를 마치면 우리 모두 기분이 안 좋을 거 같아. 그래도 즐겁게 시간 좀 보내고 들어가자"라는 식으로 해결책을 제시하는 겁니다.

아이의 경우도 이와 비슷합니다. 성인에게 공감과 문제해결을 분리해 전달하는 것이 중요한 것처럼, 아이에게는 공감과 훈육을 마치 그래프의 X축, Y축처럼 분리해서 전달해주어야합니다. 아이가 싸우다 그만 친구를 할퀴어서 훈육해야 하는 상황을 생각해볼까요?

"걔가 정말 미웠구나. 화가 많이 난 거야? 어떻게 하다가 그랬어?"

이런 식으로 아이가 감정을 충분히 꺼내놓을 수 있도록 도와준 뒤에 잘못된 행동에 대한 평가의 말을 해주면 됩니다.

"엄마는 그래도 친구 얼굴을 할퀴는 건 안 된다고 생각해."

사실 공감과 훈육을 분리하는 것은 쉽지 않습니다. 특히 한국인들은 그 사람의 감정에 공감하면 그 사람의 행동에도 동조해야 한다는 문화에 더 익숙하거든요. 그래서 공감과 훈육을 분리하는 데에는 반복적인 연습이 필요합니다.

공감과 훈육을 분리하는
3가지 요령

첫째, 일단 아이의 말을 끝까지 들어주세요.

아이는 자기 입장을 다 설명하지 못하고 혼이 날까 봐 다급해지는 경우가 많습니다. 그러면 오히려 엄마의 말을 끊거나, 말실수를 해서 잘못이 더 커지는 경우가 생깁니다. 그래서 아이의 말을 끝까지 들어주는 것이 먼저입니다.

"그래, 하고 싶은 말 있으면 다 해 봐, 엄마가 들어줄게."

이렇게 아이가 편안한 마음으로 하고 싶은 말을 모두 꺼내 놓을 수 있도록 기다려주세요.

둘째, 원하는 것을 들어주는 것과 마음을 알아주는 건 별개라는 걸 알려주세요.

어른도 공감과 문제해결을 분리해 말하기 어려운데, 아이는 오죽할까요. 말을 끝까지 잘 들어주고 훈육의 내용을 전달했다고 하더라도 아이의 마음에는 '엄마는 왜 내 말은 알겠다고 하면서 내 편을 안 들어주지?'라는 생각이 싹틀 수 있습니다. 아이가 이런 생각을 바꾸어나가게 하려면 원하는 것을 들어주는 것과 마음을 알아주는 일은 다르다는 사실을 차분하게 반복해서 설명해주어야 합니다.

"네가 원하는 걸 엄마가 들어주지 않는다고 해서 네 마음을 이해하지 못하는 건 아니야."

"엄마는 네 편이야. 그래서 너한테 나쁜 영향을 끼치는 건 허락해줄 수가 없어."

셋째, 상대방의 공감을 얻는 좋은 방법을 아이와 같이 이야기해보세요.

앞에서도 설명했듯이 부모의 관심을 얻기 위해 잘못된 행동을 택하는 경우가 있습니다. 어떻게 마음을 표현해야 상대방으로부터 긍정적인 관심과 공감을 이끌어낼 수 있는지 아이가 잘 모르기 때문이지요. 어떻게 말하고 행동해야 혼나지 않고 원하는 것을 얻을 수 있는지 아이와 이야기를 나눠보세요. 아이가 스스로 생각해볼 시간을 주는 것이지요.

"○○이가 어떻게 했다면 엄마가 네 마음을 더 잘 알아줬을까?"

이렇게 하면 아이는 더 나은 표현 방법을 직접 고민해볼 수 있고, 훈육의 과정에 직접 참여하게 되어 양육에 필요한 두 마리 토끼를 잡을 수 있습니다. 또 스스로 생각해보는 경험을 통해 내가 하는 행동이 문제해결의 수단이 되기도 하고, 마음을 전달하는 수단이 되기도 한다는 것을 배울 수 있습니다.

지나치게 공감적인 태도로 아이의 행동을 모두 허용하는 것도 문제이지만, 그 반대의 경우도 주의해야 합니다. "네가 뭘 잘했다고!"라는 말이 나오는 상황인데요. 주로 혼날 때 아이가 울면서 상황을 설명하려고 하면 부모 입에서 흔히 나오는 말입니다. 변명을 일삼는 아이가 될까 봐 걱정스러운 마음에, 반성하지 않는 모습에 화가 나서 나도 모르게 아이의 말을 가로막게 됩니다.

하지만 잘못했다고 해서 자신의 감정을 표현할 기회조차 갖지 못하면 아이의 마음속에는 억울함이 쌓여갑니다. 그 결과 대화가 단절되거나 아이가 격한 행동으로 거세게 항의를 시작할 수도 있겠지요. 이런 상황을 반복적으로 겪은 아이는 자신은 물론 타인에게도 융통성 없는 모진 기준을 적용하는 어른으로 성장하기 쉽습니다.

반대로 경청하는 부모의 자녀들은 '그래도 부모님이 나를 최대한 이해하려고 애쓰시는구나' '내 입장에서 생각하려고 노력하시는구나'라는 느낌을 받습니다. 이 아이들은 내 마음이 어떤지 충분히 표현할 기회가 있기 때문에 반발심이나 적개심을 키워가지 않습니다. 훈육의 효율이 올라가게 되겠지요. 자기감정을 모두 꺼내놓은 후 진정된 아이들은 자신의 잘못을 먼저 인정하기도 하거든요. 소통의 중요성을 깨닫고 남을 수용할 줄 아는 어른으로 성장하는 첫걸음을 뗀 것이나 다름없습니다.

상황을 분석하거나 이미 일어난 일에 대한 잘잘못을 따지기 전에 그 마음에 먼저 충분히 공감해주는 것. 이것은 사실 모든 인간관계에 다 통용되는 원칙입니다. 그런데 막상 내 아이에게 적용해야 하는 상황에서는 쉽게 잊어버리고 만다는 게 문제지요. 아이의 문제를 빠르게 해결해주고자 하는 부모의 마음은 전혀 잘못된 것이 아닙니다. 하지만 그러다 보면 공감의 중요성은 건너뛴 채 해결에만 몰두하기 쉽습니다. 이런 해결 중심적인 생각이나 대화에는 여러 부작용이 뒤따른다는 사실을 기억하며, 공감과 훈육을 분리하려는 노력을 꾸준히 해나가시길 바랍니다. 분명 훈육의 효율이 높아지고, 평화롭게 아이를 가르칠 수 있게 될 것입니다.

모든 대화에는 감정의 영역과
논리의 영역이 따로 있습니다.

감정의 영역에서 활약하는
대화의 기술은 공감이며,
논리의 영역에서 활약하는 것은
분석입니다.

아이와의 대화에서 생기는 문제는 주로
감정의 영역에서 다루어야 할 것을
이성의 영역에서 다룰 때 발생합니다.

공감해주어야 할 때
상황을 분석하는 경우이지요.

훈육을 넘어 화풀이에 가까운
말을 하지는 않나요?

'지금 내가 아이에게 하는 말과 행동은 훈육인가, 보복인가?'

아이를 키울 때는 항상 이 질문을 마음속에 담고 있어야 합니다. 아이에게 섭섭한 마음을 표현하지 말라는 이야기가 아닙니다. 다만 표현의 정도가 지나쳐서 아이에게 상처 주는 상황을 항상 조심해야 한다는 것입니다.

'에이, 누가 애한테 그렇게 심하게 말하겠어' 하고 생각하는 분들도 있을 텐데요, 생각보다 많은 부모가 아이에게 복수 아닌 복수를 하곤 합니다. 그 이유는 여러 가지예요.

'아이가 직접 겪어보면 다시는 그러지 않겠지.'

'강렬한 경험을 하면 교훈을 잊어버리지 않겠지.'

'이번 기회에 권위라는 것을 가르쳐줘야지.'

이러한 생각은 소위 '눈에는 눈, 이에는 이'라는 사고방식에서 기인합니다. 주로 '이놈이?'라는 감정이 일면서 분노에 휩싸일 때지요. 하지만 감정에 휩쓸린 채 아이를 훈육하는 것은 여러 부작용을 불러일으킵니다. 정도를 넘어서는 일은 순식간에 벌어지며, 그 순간부터는 보복과 화풀이만이 남게 되지요.

과한 훈육은 상처만 남깁니다

보복에 가까운 과한 훈육은 아이에게도 큰 상처를 남기지만 부모에게도 자책감과 자괴감을 남깁니다. 이런 일이 있은 후 부모가 아이에게 사과하는 상황이 반복되면 부모의 권위가 손상되고, 그렇다고 별다른 사과 없이 어물쩍 넘어가면 아이의 마음이 점차 냉담해지게 됩니다. 심지어 나를 이 지경까지 몰고 간 아이가 더 미워지는 사태, 마치 산사태처럼 분노가 분노를 부르는 상황마저 발생할 수 있습니다.

한편 아이는 '오죽하면 엄마 아빠가 저렇게 화가 났을까?'라는 역지사지의 생각은 하기 어렵습니다. 그래서 부모의 행동에 대한 공포나 원한을 갖기 쉽지요. 이런 일을 자주 겪다 보면 내가 받은 상처를 기억했다가 그대로 돌려주려는 마음, 즉 세상에 앙심을 품은 어른으로 성장할 수 있어요. '나는 무시당하지 않아, 당한 만큼 본때를 보여주거든. 그래서 아무도 나를 호구로 생각할 수 없지'라는 태도 탓에 주변에 믿을 만한 사람, 편안한 사람이 점점 없어지는 슬픈 사태가 일어나기도 합니다.

부모의 언행도
온도 조절이 필요합니다

아이에게 화가 났을 때는 뜨거운 복수, 차가운 복수를 모두 조심해야 합니다. 뜨거운 복수가 격한 분노라면 차가운 복수는 아이에게 간접적인 상처를 주는 상황을 의미합니다.

뜨거운 복수의 예는 다음과 같습니다.

- 아이가 나를 때리거나 물고 할퀴었을 때 바로 돌려주는 것
- 아이의 공격에 맞받아쳐 소리를 지르거나 화를 내는 것
- 내가 겪은 마음의 상처나 망신, 당황스러운 감정에 불처럼 화내며 아이를 추궁하는 것

한편 차가운 복수란 비꼬기, 약 올리기, 망신주기 같이 겉으로는 큰 마찰이 없지만 아이의 마음에는 상처가 남는 행동입니다. 넓게는 자신의 감정을 표현하기 위해서가 아니라 상대방을 괴롭히려는 목적으로 하는 다음과 같은 상황을 포함할 수 있겠지요.

- 과거의 잘못까지 모조리 불러와 나무라는 것
- 아이가 잘 알아들었음에도 불구하고 잘못을 여러 차례 반복해서 이야기하는 것
- 다른 사람이 있는 자리에서 아이의 잘못을 거론하며 망신을 주는 것
- 한번 혼난 일로 다른 양육자에게 또다시 혼나게 만드는 것
- '너는 원래 이런 애잖아'라고 단정지어 말하는 것

차가운 복수는 뜨거운 복수보다 아이가 스스로 자신을 방어하기 더 어렵습니다. 그래서 아이의 마음에 더 큰 상처로 남게 되지요. 나도 모르게 아이에게 차가운 복수를 하고 싶지 않다면 부모인 내 마음의 온도를 잘 인지하는 것이 중요합니다. 화가 1, 2도 정도 난 건지, 9, 10도 정도 난 건지, 적당한 온수인지 팔팔 끓는 상태인지 잘 구분해야 하는 것이지요.

만약 내가 느끼기에 화가 끝까지 났다 싶으면, 혹은 반복되는 상황에 이미 크게 실망하고 지친 상태라면, 자신의 마음을 먼저 추스른 다음 대화할 수 있어야 합니다. 차라리 화가 났다는 사실을 인정하고 이를 잘 표현하는 방법에 집중하는 게 좋을 때도 있습니다. 화가 나서 하는 말을 아이를 위해서 하는 말이라고 합리화한다면 스스로를 돌아볼 기회는 사라지기 때문입니다.

우리 가족만의 규칙을 만들어보세요

개인 간의 복수나 징벌이 불러일으키는 혼란을 방지하고자 법이 생겨났듯이, 양육 과정에서 발생하는 아이에 대한 뜨거운 복수를 최대한 줄이려면 훈육의 규칙과 체계를 설정하는 것이 좋습니다. 일단 고치고 싶은 아이의 행동을 명확하게 설정하고 먼저 고쳐야 할 행동들이 무엇인지에 따라 우선순위를 정해보세요. 그리고 규칙을 어겼을 때의 벌칙을 미리 정하고, 아이에게도 이 규칙을 충분히 설명해주세요. 이렇게 하면 훈육에 과도한 감정이 개입하는 것을 예방할 수 있습니다.

벌칙을 정할 때는 부모의 권위 유지, 양육의 효율을 위해서 아이와 상의하기보다는 부모가 주도적으로 정하는 것이 좋겠습니다. 아이는 아직 스스로를 통제하기도 어렵고, 균형 감각이 발달하기에도 이른 시기이기 때문입니다.

훈육의 규칙을 정하는 기준은 다음과 같습니다.

첫째, 구체적인 행동을 대상으로 합니다.

예를 들어 예의 바르게 지내기, 예쁜 말 쓰기 같은 규칙은 아이가 행동을 지켰는지, 어겼는지 판단하기 어렵습니다. 당연히 훈육에도 차질이 생기고 아이와 불필요한 사실 확인을 해야 하는 일이 늘어나게 됩니다. 예컨대 화가 난다고 물건을 던지지 않기, 방에 불을 끄고 나면 장난감은 두고 침대에 눕기 같은 구체적인 행동을 규칙으로 삼는 것이 좋겠습니다.

둘째, 최대한 단순하게 만듭니다.

규칙은 명료하고 단순해야 합니다. 비록 아이에게 가르쳐야 할 내용이 많더라도, 이를 규칙 하나에 모두 담으려고 하면 아이는 이해하기 어렵습니다.

"인사할 때는 두 손을 모아 배꼽 위에 올리고, 웃으면서 큰 목소리로 고개를 숙이면서 '안녕하세요!'라고 말해야 돼."

어떤가요? 아이가 이걸 다 기억해서 실천할 수 있을까요?

'어른을 만나면 꾸벅 인사하기' 정도로 단순 명료할 때 아이가 쉽게 이해하고 행동으로 옮길 수 있습니다.

셋째, 예외 상황은 가급적 만들지 않습니다.

'횡단보도에서 빨간불에는 멈춰 선다.'

단순하고 이해하기 쉬운 규칙입니다. 하지만 이 규칙에 '주말과 공휴일, 그리고 일몰 이후는 제외' 같은 예외 상황이 더해지면 어떨까요? 혼란이 발생하겠지요. 규칙에 예외 상황이 자꾸 더해지면 아이는 헷갈립니다. 훈육의 효율이 떨어질 수밖에 없지요. 더구나 예외 상황이 '아빠의 기분' 같은 모호한 조건이라면 혼란은 더욱 가중됩니다.

'어? 할머니네 집에 가면 항상 게임 시간이 추가되네?'

'아빠가 화내고 난 뒤에는 식사 전에 아이스크림 먹어도 별말 안 하네?'

이렇게 한 번 만든 규칙을 뒤흔드는 예외 상황이 계속 생겨나면 아이는 혼란스럽습니다. 늘 강조하지만 양육에서는 일관성이 가장 중요합니다. 어떤 규칙을 만들 때 일관성 있게 지켜나가기 어렵다고 판단되면 그 규칙을 만들지 않는 것이 나을 수도 있습니다.

넷째, 한 번에 한 가지 규칙만 정합니다.

어른에게도 자신의 행동을 고치는 일, 규칙에 맞추어 자신을 다스리는 일은 매우 어렵습니다. 아이에게 한 번에 3~4개 이상의 새로운 규칙을 주고 이를 지키라고 하면 아이는 이를 기억하기도 어려울뿐더러 양육자에게 가장 두려운 상황, 즉 '에이, 안 해!' 상태에 빠져버리게 됩니다. 아이에게 한 가지 규칙을 가르쳐준 다음 그 규칙을 충분히 이해한 것을 확인한 후에 새로운 규칙을 늘려나가는 것이 좋겠습니다.

다섯째, 가장 중요한 것부터 만듭니다.

당연해 보이지만 간과하기 쉬운 원칙입니다.

규칙1. 동생 때리지 않기

규칙2. 아빠가 들어오시면 나와서 인사드리기

아이의 바른 성장을 위해서는 분명 이 2가지 규칙이 모두 중요하게 지켜져야 합니다. 하지만 이중 무엇부터 아이에게 확실하게 인지시키는 것이 좋을까요? 규칙1을 먼저 충분히 이해하고 실천하게 된 다음 규칙2를 시도해야겠지요. 앞의 '한 번에 한 가지 규칙만 정한다'는 원칙과 함께 염두에 두시길 바랍니다.

여섯째, 벌칙이 너무 가혹해서는 안 됩니다.

부모 입장에서는 보통 보상을 줄이거나, 하기 힘든 일을 시키는 것을 벌칙으로 삼게 됩니다. 하지만 이 2가지 방식에는 모두 감정이 실리기 쉽다는 것을 주의해야 합니다. 또한 한 달 간 태블릿 사용 금지, 매일 반성문 쓰기 같은 가혹한 벌칙은 아이가 온전히 받아들이기 어렵겠지요. 그렇다고 중간에 이 벌칙을 수정하자니 부모로서의 권위가 살지 않고, 그대로 지키자니 실랑이를 벌이는 일이 잦아집니다.

'금지 벌칙'을 줄 때는 잘못한 행동과 관련된 것을 금지시키는 것이 효과적입니다. 동생과 게임을 하다가 다투었다면 '게임 금지', 태블릿 사용 시간을 어겼다면 '태블릿 사용 금지'와 같은 식으로요. 금지 기간은 아이가 받아들일 수 있는 하루 정도를 기본으로 하고, 같은 잘못을 반복한다면 기간을 늘려가는 것이 효과적입니다.

'하기 싫은 일을 시키는 벌칙'을 줄 때는 이 일을 아이에게 시키고 난 뒤 미안한 마음이 들지는 않을지 먼저 생각해보는 것이 좋습니다. 미안한 마음이 들 정도라면 아이의 마음에도 상처만 남을 가능성이 높으니까요. 아이를 밖으로 쫓아내거나, 물리적인 체벌을 가하는 것이 좋지 않은 이유도 마찬가지입니다. 운동, 글쓰기, 외우기 등 아이의 노력이 필요하면서도 아이에게도 도움이 될 수 있는 활동을 벌칙으로 고민해보는 건 어떨까요.

어른이라고 해서 아이의 말과 행동에 상처를 안 받는 것은 아닙니다. 무조건 다 참을 수도 없지요. 다만 상처받은 내 마음을 표현하는 방식에는 주의가 필요합니다. 아이는 아직 감정을 주고받는 것에 미숙하고, 부모도 아직 부모로서의 경험치가 낮은 상황에서는 갈등이 시시각각 일어날 수밖에 없습니다.

이때 내가 겪은 상처를 그대로 돌려주고 싶은 마음과 아이를 찍어눌러 꺾고 싶은 유혹에 넘어가지 않도록 노력하는 것이 필요합니다. 부모의 이런 모습을 자주 보면서 자란 아이는 자신의 감정을 표현하기 위해 복수라는 도구를 쉽게 선택할 수 있거든요.

아이에게는 관용을 베푸는 능력을 키워나가기 위한 토양이 필요합니다. 이런 의미에서라도 부모는 '눈에는 눈 이에는 이'의 마음을 경계하고, 감정을 잘 조절하는 아이로 성장할 수 있도록 이끌어주어야겠습니다.

내가 원하는 대로 아이를 가두려 하지는 않나요?

마녀의 입장에서 라푼젤을 바라본 적이 있나요? 디즈니 애니메이션 속 라푼젤은 높은 탑 속에 갇혀서 자유를 꿈꾸며 지내지요. 사실 마녀가 죄수 혹은 보물처럼 라푼젤을 꽁꽁 숨기고 가뒀다고 보기에는 라푼젤이 누린 자유는 생각보다 큽니다. 높은 탑이긴 했지만 탑에 창살이 있는 것도 아니었고, 라푼젤의 손발에 수갑이나 족쇄가 채워져 있지도 않았으니까요. 이런 측면에서 보면 마녀는 참 수완이 좋았던 것 같습니다. "탑 밖으로 나가서는 안 된다"라는 마녀의 말을 라푼젤은 오랜 시간 자발적으로 따랐으니까요.

그런데 긴 머리칼을 수족처럼 사용할 수 있는 라푼젤이 이 제는 다 커서 스스로 밖으로 나갈 수 있는데도 왜 탑을 벗어나지 않았을까요? 다재다능하고 모험심 넘치는 라푼젤을 탑 속에 가둔 진짜 족쇄는 무엇이었을까요? 탑이 너무 높아서? 바깥세상에는 무시무시한 일이 기다리고 있을 거라는 두려움 때문에? 소아정신과 의사의 시각에서 보면, 엄마라고 믿었던 마녀를 실망시켰을 때 자신이 느낄 죄책감과 두려움 때문이 아니었을까 싶습니다.

감정에는 커다란 힘이 있습니다. 부모는 감정이 가진 커다란 힘을 양육에 어떻게 사용할지 잘 생각해보아야 합니다. 그렇지 않으면 죄책감, 두려움, 불안 같은 부정적인 감정들을 자극해서 아이를 탑 속의 라푼젤처럼 가두는 결과로 이어질 수 있거든요. 설사 부모의 의도가 좋았다고 할지라도 말이지요. 따라서 부모는 감정이라는 도구를 사용해 아이를 내 마음대로 휘어잡으려고 하지 않도록 늘 경계해야 합니다. 그러기 위해서 어떤 순간을 조심해야 할지 한번 살펴볼게요.

아이에게 지나친 부담감을 안겨주는 말

아이가 어떠한 행동을 하기도 전에 아이에게 부담을 주는 표현들이 있습니다.

"역시 우리 아들이라면 이런 발표쯤은 껌이겠지!"

"이번에 할머니 만나러 가서 의젓하게 못 있으면 엄마 아빠는 너무너무 슬플 것 같아."

이런 말은 아이에게 지나친 부담감을 안겨줄 수 있다는 사실을 기억해야 합니다. 이는 실패나 다른 사람들의 비난에 대한 두려움을 증폭시켜 아이를 절박하고 결과에 연연하게끔 만듭니다. '부모님이 나에게 실망하다니, 그러면 부모님이 힘들어지고 그래서 날 사랑하지 않을지도 몰라. 나는 항상 잘 해내야 돼'라는 생각들을 통해서요.

"네가 유치원에서 ○○이 머리를 세게 잡아당겨서 친구들이 다 너를 싫어하게 될 거야!"처럼 아이가 한 행동의 나쁜 결과를 지나치게 과장할 때에도 같은 맥락의 문제가 발생합니다. 이 말을 통해 아이는 내가 무리에서 받아들여지지 않을 것이라는 두려움을 느끼고, 다른 아이들의 비난에 지나치게 민감해질 가능성이 커집니다.

"너 때문에 화가 나서 살 수가 없어!"와 같이 아이가 잘못했을 때 부모가 느끼는 실망감이나 슬픔을 지나치게 과장해서 표현하는 것도 주의해야 합니다. 아이가 '엄마 아빠를 실망시키고 속상하게 만들면 안 돼'라는 이유로 어떤 결정을 내리는 것은 매우 슬픈 상황이니까요.

애정이나 관심 속에 조건이 숨어 있는 말

칭찬할 때는 아이의 잘한 점을 구체적으로 짚어주어야 합니다.

"이래야 우리 딸이지" "역시 착한 우리 아들이네"와 같은 칭찬은 '부모님 말을 잘 들어야 사랑받는다'는 조건을 은연중에 아이에게 전달하게 됩니다.

"와, 많이 떨렸을 텐데 용기 내서 끝까지 잘했네!"

"많이 속상했을 텐데, 엄마 마음도 생각해주고 고마워."

이런 식으로 아이가 앞으로 더 키워나가길 바라는 모습이나 잘 해낸 점을 콕 집어서 칭찬해주세요.

특정한 역할에 아이를 가두는 말 습관에도 주의가 필요합니다. 남자라면, 숙녀라면, 착한 어린이라면, 의젓한 형님이라면 같은 표현을 자주 사용하지 않는지 점검해보세요.

또한 "우리 집에는 이런 사람이 없는데, 넌 이상하게 왜 이렇게 유별나니"와 같이 다른 가족과 아이를 구분 짓는 말, 아이가 다른 가족에게 받아들여지지 않을까 봐 느끼게 되는 두려움을 자극하는 표현도 조심하는 것이 좋겠습니다. 무심코 한 말이 아이에게 '아니, 내가 착한 어린이가 아니었다니' '나 혼자만 우리 가족과 다르다니' 같은 충격을 준다면, 당장은 훈육에 도움이 될 수 있어도 아이의 마음에는 상처가 남게 됩니다. 이런 표현을 아이로부터 되돌려 받는 상황을 떠올려보면 쉽게 이해할 수 있습니다.

"힘든데 왜 숙제를 해야 돼? 엄마는 내 엄마도 아냐!"

이렇게 가족 모두에게 슬프고 속상한 상황은 될 수 있으면 겪지 않는 것이 좋겠지요. 아이가 이런 식의 화법에 익숙해지지 않도록 부모부터 작은 말 습관에도 신경 쓰는 것이 좋겠습니다.

구체적인 내용 없이 아이를 책망하는 말

더 나아가 생각해보아야 할 것들도 있습니다. 바로 '부모의 말을 안 들었다고' 아이를 책망하는 상황입니다. '아니, 아이를 키우다 보면 흔히 일어나는 상황인데 뭐가 잘못되었다는 거지?'라고 생각할 수도 있습니다.

주의를 줬는데도 계속해서 뛰다가 넘어진 걸 보면, "엄마 말 좀 잘 듣지!"라는 타박의 말이 반사적으로 나올 수 있지요. 다만 이럴 때도 상황을 뭉뚱그려 '말 좀 잘 들어' 하고 책망하듯 말하기보다 아이가 행동을 개선할 수 있도록 왜 그렇게 해야 하는지 이유를 정확히 짚어주는 것이 좋습니다. 아이에게 전달되어야 할 메시지는 "바닥이 미끄러우니까 천천히 걸어야지!" 인데, 여기에 '엄마 말을 안 듣는 나쁜 아이'라는 비난이 추가되는 경우가 있거든요.

이 원칙은 아이가 클수록 중요해집니다. 아이가 스스로 생각하는 능력을 키워가야 하기 때문에 그렇습니다. 혼이 나는 이유가 그저 엄마 아빠 말을 잘 안 들어서라면, 아이는 '아, 엄마 아빠 말만 잘 따르면 되는구나' 하고 스스로 판단하기를 멈춰버리게 됩니다. 그보다는 '아, 바닥이 미끄러우면 넘어질 수 있으니까 뛰면 안 되겠구나' 하고 이해하는 쪽이 좋겠지요. 부모가 "엄마 아빠 말 잘 들어"라는 표현에서 빨리 졸업할수록 아이는 능동적인 어른으로 성장할 가능성이 더욱 커진다는 사실을 잊지 마세요.

애니메이션 라푼젤의 영문 제목은 'Tangled'입니다. '얽히다'라는 뜻을 가진 이 단어는 영화 속에 나온 라푼젤의 아름다운 많은 머리를 가리키는 말이기도 하지만, 한편으로는 마녀에게 속박되어 있는 라푼젤의 상황을 보여주는 말이기도 합니다. 속박된 그 상황이 계속 유지되었다면 라푼젤은 언제까지나 탑에 머물렀을 것입니다. 그러면 라푼젤과 마녀의 가짜 모녀 관계가 위기에 빠질 일도 없었을 테고, 라푼젤도 여느 때처럼 마녀의 착한 딸로 남았겠지요. 하지만 그랬다면 라푼젤은 더 넓은 세상과 다양한 사람들을 만나지 못했을 것입니다. 성장의 기회가 완전히 차단된 채 탑에서 살아갔겠지요.

부모가 무슨 말을 해도 아이가 말을 안 듣는다면 정말 큰 스트레스일 것입니다. 그러던 중에 자책감이나 부담감을 갖게 만들었더니 아이의 행동이 순간 딱 바뀐다면, 부모는 자기도 모르게 아이에게 더 강하게, 더 반복적으로 부정적인 감정을 자극하는 말을 하기 쉬워집니다. "너 정말 엄마가 죽는 꼴 보려고 그러니!" "그렇게 네 맘대로 할 거면 너 같은 자식 필요 없어" 같은 말들이 그런 말들이겠지요.

하지만 감정을 자극하여 아이를 가두는 행동은 그 효과가 탁월할수록 문제가 됩니다. 부정적인 감정이 만든 탑 속에 갇힌 아이들은 자신이 원하는 것, 자신이 가진 개성을 모르고 살아가기 쉽거든요.

과연 말 잘 듣는 아이만이 착한 아이일까요? 부모가 원하는 대로 아이를 효율적으로 바꾸는 것만이 최선일까요? 아이를 내 손이 닿는 곳에 두기 위해, 말을 잘 듣게 만들기 위해 아이의 감정을 조종하려 들지는 않는지 한번 돌아볼 필요가 있겠습니다.

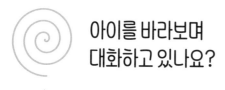

아이를 바라보며
대화하고 있나요?

"날 사랑하는 게 아니고, 날 사랑하고 있던 너의 마음을 사
랑하고 있는 건 아닌지."

가수 오지은의 '날 사랑하는 게 아니고'라는 노래의 일부입
니다. 남녀 간의 사랑에 대해 이야기하는 노래이지만, 저는 이
가사가 부모와 아이 사이에서도 한 번쯤 생각해보아야 할 점
을 담고 있다고 생각합니다. 아이를 진정으로 이해하고 위하려
면 지금 눈앞에 있는 아이의 감정을 있는 그대로 바라봐주는
것이 필수적이기 때문입니다. 아이를 위하는 행동이라고 하더
라도 그 과정에서 아이의 감정을 고려하지 않는다면 정작 아

이의 마음속 허기는 채워지지 않을 가능성이 큽니다. 아이의 성장과 만족을 위해서는 아이의 마음을 잘 반영하는 양방향 소통이 중요하겠지요.

아이와 원활하게 소통하려면 충분한 여유와 관찰력이 필요합니다. 아직 아이는 자신의 감정을 읽는 능력이 어른에 비해서 서툽니다. 그리고 감정을 적당한 말로 표현하는 것 또한 어려워합니다. 그래서 아이들은 감정을 드러내기까지 충분한 시간을 주어야 하고, 표정이나 태도, 행동처럼 간접적인 방식으로 감정을 표현하지는 않았는지 살펴봐주어야 합니다.

그런데 아이의 마음을 잘 관찰하더라도 양방향의 대화, 원활한 소통이 잘 이루어지지 않을 수 있습니다. 바로 소통을 가로막는 장애물이 존재하는 경우입니다.

지금부터 부모가 주의해야 할 3가지 소통의 장애물에 대해서 알아볼 텐데요, 이 3가지만 주의해도 부모와 자녀가 서로의 마음을 간과하거나 오해하는 일을 눈에 띄게 줄일 수 있습니다.

부모가 자기감정에 너무 매몰되는 것

부모가 아이의 감정을 읽어줘야 할 때 자신의 감정에만 너무 빠져들어 있다면 어떨까요? 그만큼 시야가 좁아져 아이의 미묘한 감정 변화를 놓치고 맙니다. 또한 아이들은 어른의 감정에 영향을 크게 받는데, 부모가 감정을 지나치게 발산할 경우 아이는 소위 '분위기에 휩쓸려' 자신의 감정을 끌려가듯 표현하는 일이 생길 수도 있습니다. 나아가 부모가 자신의 감정에 너무 취해 있을 경우 아이의 감정을 오해하는 상황마저 벌어집니다. 예컨대 아이를 혼내고 있는 상황에서, 아이가 겁에 질려 침묵하고 있는 것을 반항으로 오해하는 것처럼 말입니다. "너 지금 내 말 듣고 있는 거니?" 이런 식으로요. 분노로 인해 판단력이 흐려진 결과 아이가 나를 무시하거나 반항하고 있다고 오해를 하게 되는 것이지요.

부모가 죄책감에 매몰되는 것도 아이에게는 좋지 않은 영향을 미칩니다. "엄마가 일하느라 너를 챙겨주지 못해서 너무 미안해"라는 말을 아이에게 자주하는 경우를 예로 들어볼 수 있습니다. 워킹맘이라서 아이를 최우선으로 신경 써주지 못한 것같아 미안한 마음이 들 수는 있습니다. 그런데 죄책감에 매몰

되면 아이는 적응해서 잘 지내고 있는데도 자꾸 미안하다는 말을 반복하게 됩니다. 아이가 잘못해서 일어난 일인데도 다 내가 일하느라 신경 써주지 못한 탓이라고 자책하기도 하고요. 정작 필요한 훈육은 단호하게 하지 못하게 됩니다.

아이는 부모에게 의연한 모습을 기대하기 마련입니다. 자신이 잘못하거나 위기 상황이 닥쳤을 때 자신을 안심시켜주기를 바라지요. 그런데 부모가 자책에 너무 빠져들어 있는 경우 아이의 이런 신호를 놓치고 약한 모습만 보여주기 쉽습니다.

아이의 감정을 미리 정의하는 것

또한 부모는 아이가 표현하기도 전에 아이의 감정을 미리 정의 내리지 않도록 주의해야 합니다. 그리고 눈앞에 있는 아이의 반응에 충분히 신경 쓰고 있었는지 돌아볼 필요도 있습니다. 학예회를 앞두고 유독 긴장을 하는 아이가 답답해서 "그렇게 긴장할 필요 없어, 좀 못해도 괜찮아"라고 말하는 경우를 예로 들어보겠습니다. 사실 같은 감정이더라도 바탕이 되는 생각들은 매우 다양할 수 있습니다.

아이는 자기가 틀려서 열심히 연습한 다른 친구들이 실망할까 봐 두려운 것일 수도 있고, 많은 사람들이 자기를 보고 웃으면 어떡하지라는 걱정이 드는 것일 수도 있습니다. 혹은 '잘해서 선생님에게 칭찬을 받고 싶은데, 실수하면 어떻게 하지' 하고 불안한 것일 수도 있지요. 그런데 부모가 '얘가 실패에 대한 두려움이 있어서 피하려고만 하네'라고 아이의 마음을 미리 재단해버리면 아이의 감정을 이루는 이런 배경 생각들, 미묘하게 숨은 다른 감정들을 놓치게 될 뿐 아니라, 아이가 마음을 스스로 표현할 기회를 제한하고 맙니다.

이를 점검하는 방법 중 하나는 자신의 기억 속 비율을 체크해보는 것입니다. 여기에서 비율이란 내 기억 속에서 떠오르는 아이와 나의 출연 분량 사이의 비율을 의미합니다.

좋은 일이든, 나쁜 일이든 아이와 함께 어떤 사건을 겪었다고 해봅시다. 이 기억을 회상하면서 한번 찬찬히 살펴보세요.

그때 내가 미안하다고 했지.

눈물을 글썽였지.

아이를 안아주었지.

오늘은 맛있는 걸 먹으러 가자고 했지.

내가 한 말과 행동, 나의 생각이 떠오르는 것에 비해 아이가 지은 표정, 아이의 자세, 아이가 했던 말들이 잘 기억나지 않거나, 뭉뚱그려 기억난다면 그것은 내가 아이를 충분히 신경 쓰고 있지 않았다는 증거일 수 있습니다.

아이가 그때 뭔가 할 말이 있는 것처럼 입을 우물거렸지.
뭔가 불편한지 계속 나한테 안기고 나를 잡아끌었지.
친구들 이야기를 꺼냈더니 갑자기 딴 이야기를 하기 시작했지.

이와 같이 아이의 마음을 관찰하는 데 좀 더 집중하고 이를 잘 기억해두세요.

시간적, 신체적으로 여유가 없을 때 대화하는 것

아이가 충분히 표현할 수 있도록 기다려주는 여유를 잊지 않아야 합니다. 부모들은 공감의 중요성에 대해 잘 알고 있으며, 이를 위한 노력을 아끼지 않습니다. 그래서 평상시에는 큰 문제가 발생하지 않지요. 문제는 언제나 마음의 여유가 없을 때 발생합니다. 이런 상황에 대비해 평상시에 나는 어떠한 사람인가에 대해 미리 알아둘 필요가 있습니다. '지금의 나는 배터리가 몇 퍼센트 정도 남아 있는가?'라는 식으로 말입니다. 자신의 여력을 틈틈이 체크하고, 아이의 감정과 관련된 깊은 대화는 내가 체력적으로, 시간적으로 여유가 있을 때 시작하는 것이 좋겠습니다.

그런데 안타깝게도 부모가 여력이 있는 상황에서도 위기는 발생합니다. 아이의 행동이 부모로서도 견디기 어려운 감정을 불러일으킬 때가 그렇습니다. 예를 들어 앞에서 이야기한 것처럼 자책감을 견디기 힘들어하는 부모의 경우 아이에게 하는 사과가 급하고 일방적일 가능성이 높습니다. 분노나 불안 역시 마찬가지입니다. 부모가 화가 날수록 훈육이 일방적이 되고, 내가 불안할수록 아이의 불안을 빨리 정리해버리려 합니다. 자신에 대해 잘 모를수록 오히려 자기 확신에 강하게 도취되기 쉬워집니다. 아이에게 감정을 표현할 시간적인 여유를 주기 위해서라도 '아, 내가 지금 기분이 어떻지? 뭐 때문에 이런 기분이 들었지? 이 기분 때문에 내가 무슨 생각이 들었지?' 하고 생각하는 시간을 먼저 꼭 가져보시길 바랍니다.

내 감정이 아닌 '상대방의 감정에 맞춰진 소통'의 중요성에 대해 이야기할 때 제가 주로 드는 비유가 있습니다. 바로 타잔과 제인의 관계입니다. 도회지에 살던 제인이 불의의 사고로 정글 한가운데 떨어졌습니다. 그녀는 잔인하고 흉포한 야생동물들의 위협에 직면해 있지요. 이때 등장해 제인을 구해주는 타잔은 분명 든든한 보호자일 것입니다. 그런데 이때 타잔이 야생동물에 대한 분노에 휩싸여 눈이 새빨개져 혈투를 벌이거나, 어떻게 하면 제인에게 더 멋지게 덩굴을 타는 모습을 보여줄까에만 신경 쓴다면 어떨까요? 지금 중요한 것은 제인을 위기에서 구해내는 것입니다. 제인의 상황과 감정에 더 집중해야 할 이때, 엉뚱한 데 몰입하거나 자신의 감정에만 취해 있다면 제때 도움의 손길을 건네지 못하게 되겠지요.

눈치채셨겠지만 여기서 타잔은 부모, 제인은 아이를 의미합니다. 이 책을 읽는 부모님들은 모쪼록 눈앞에 놓인 제인의 상황과 감정에 더 집중해, 제인에게 좀 더 듬직하고 편안한 타잔이 되어주시기 바랍니다.

감정을 잘 아는 아이는
타인의 마음을 이해하고
공감하는 능력이 뛰어납니다.

이처럼 정서 지능이 높은 아이는
대인관계가 매우 안정적입니다.

타인으로부터 받는 인정이나 애정이
많아질 뿐만 아니라, 타인에게 지나치게
의존하거나 끌려다니지 않고,
자신에게 필요한 위로를
스스로에게 해줄 수 있거든요.

감정에 휘둘리지 않고
자기감정을 잘 다룬다는 것은
모든 부모가 바라는
자존감 높고 자립심 강한 아이에
점차 가까워진다는 의미입니다.

참고문헌

1 김효원, 《육아상담소 발달》, 물주는 아이, 2017

2 Graziano PA, Reavis RD, Keane SP, Calkins SD. The Role of Emotion Regulation and Children's Early Academic Success. J Sch Psychol. 2007 Feb 1;45(1):3-19

감정에 휘둘리는 아이
감정을 잘 다루는 아이

초판 1쇄 발행 2023년 4월 5일
초판 6쇄 발행 2023년 9월 22일

지은이 손승현
펴낸이 이경희

펴낸곳 빅피시
출판등록 2021년 4월 6일 제2021-000115호
주소 서울시 마포구 월드컵북로 402, KGIT 16층 1601-1호

ⓒ 손승현, 2023
ISBN 979-11-91825-81-7 03590